细数古人的生存谋略

谁是历史上最走俏的人

会带你重新回到乱世,你将亲眼目睹那硝烟弥漫、群雄逐鹿的战乱年代,一个个才智过人的英雄脱颖而出,用他们的智慧写出不朽的史歌。

东篱子 / 编著

图书在版编目（CIP）数据

谁是历史上最走俏的人：细数古人的生存谋略／东篱子编著．—北京：中国华侨出版社，2012.8
ISBN 978－7－5113－2412－2

Ⅰ.①谁… Ⅱ.①东… Ⅲ.①人生哲学－通俗读物 Ⅳ.①B821－49

中国版本图书馆 CIP 数据核字（2012）第 097884 号

● 谁是历史上最走俏的人：细数古人的生存谋略

编　　著	东篱子
责任编辑	王亚丹
经　　销	新华书店
开　　本	710×1000 毫米　1/16　印张 15　字数 200 千字
印　　数	5001-10000
印　　刷	北京一鑫印务有限责任公司
版　　次	2013 年 5 月第 2 版　2018 年 3 月第 2 次印刷
书　　号	ISBN 978－7－5113－2412－2
定　　价	29.80 元

中国华侨出版社　北京市朝阳区静安里 26 号通成达大厦 3 层　邮编 100028
法律顾问：陈鹰律师事务所
编辑部：（010）64443056　　64443979
发行部：（010）64443051　　传真：64439708
网　址：www.oveaschin.com
e-mail：oveaschin@sina.com

前言

"大河如龙群山如虎,长啸仰天长歌当哭,龙盘虎踞有钟有鼓,龙腾虎跃有文有武。一把剑划开万丈天幕,一腔血注解千秋史书,降大任苦心志劳筋骨,担道义著文章展抱负。立身堂堂男子汉,壮怀凛凛大丈夫,日月沉浮风云吐,好个中华民族藏龙卧虎。举目江山山无数,放眼流光光飞渡,日月沉浮风云吐,好个中华民族藏龙卧虎。"

——一曲荡气回肠的壮歌,唱出了中华民族的精神之魂。是的,华夏大地向来就是个藏龙卧虎的所在,气势磅礴的长江黄河孕育出了无数有智有勇、名载史册的英雄儿女。这些人难道不值得我们一遍又一遍地重温他们不朽的传说吗?

本书立旨于此,带您细数数千年来古人的生存谋略,翻开书卷,在书香扑鼻的同时,一幅幅生动的画面将尽显在你的眼前,一条条奇妙的人生策略将令你忍不住拍案叫绝!

在这本书中,你将看到,那些现在看来手握至高权力、身披无数荣光的帝王,如何在权力的争斗之中,逐步脱离险境,最终君临天下,又是如何守住大业、开创盛世。

在本书中,你将看到,在"伴君如伴虎"的压力下,那些韬略智臣如何与君王巧妙周旋，又是如何躲开同僚的明枪暗箭，最终安然度世，济世又保身。

这本书，会令你一改昔日对于武将的看法——匹夫之勇，难当大任。因为历史上有勇有谋的智将大有人在。试想，那些战功卓绝、名载青史的名帅悍将倘若没有一点智谋，那么即便不在沙场上战死，也会屡遭同僚排挤、君王猜忌，又岂能善始善终？

这本书会带你重新回到乱世，你将亲眼目睹那硝烟弥漫、群雄逐鹿的战乱年代，一个个才智过人的英雄脱颖而出，用他们的智慧写出不朽的史歌。

智慧女人、才子贤人……那些你感兴趣的历史名人，各朝翘楚，这里可谓应有尽有。有他们的荣，亦有他们的枯，我们要向您讲述的不仅仅是一段段历史故事，更是一条条人生哲理，一个个血淋淋的历史教训、一次次济世保身的大智慧。

翻开它，你翻开的不仅是历史，更是你人生新的起点……

目录

君临天下

江山代有才人出，各领风骚数百年！帝王，手握至高无上的权力，身披无数的荣光，号令天下，莫敢不从。帝王，又是境地最危险的人，古往今来，对于权力的争夺从未间断，谁不想一尝君临天下的滋味。一个身兼大任的人若要从权力的争夺中脱颖而出，若要守住大业、开创盛世，这俨然需要高人一筹的智谋。

嬴政——铲除隐患，绝不手软 ………………………………… 2
刘邦——偏安一隅，蓄势待发 ………………………………… 6
刘秀——徐图大业，怀"柔"兴汉 …………………………… 11
李世民——出其不意，先发制人 ……………………………… 15
李隆基——果敢干练，闪电出击 ……………………………… 20
赵匡胤——拆合有道，拔除隐患 ……………………………… 25
朱元璋——因人制策，相机行事 ……………………………… 31
朱棣——恩威并施，攻守互换 ………………………………… 35
爱新觉罗·胤禛——不争为争，以退为进 …………………… 39

韬略智臣

伴君如伴虎！君王不容违逆，喜怒无常；同僚钩心斗角，虎视眈眈。身在朝堂之上，可谓时时与危险相伴。心系社稷、人民的国之柱石们，倘若不懂得一点韬略，不能巧妙周旋于君臣之间，又何以济世、何以保身呢？

张良——退居二线，明哲保身 …………………………… 44
公孙弘——谨言慎行，取容当世 ………………………… 47
徐茂公——圆于世故，言随境动 ………………………… 50
狄仁杰——善察圣意，得脱冤狱 ………………………… 53
吕蒙正——小事不究，留人余地 ………………………… 58
姚广孝——不脱僧衣，不受权害 ………………………… 62
徐阶——小心谨慎，谋定后动 …………………………… 67
张廷玉——低调至谦，知足为诫 ………………………… 70
胡雪岩——善于用人，为富且仁 ………………………… 74

武亦有谋

有勇有谋，才当大任！都说武将只有匹夫之勇，粗犷甚至野蛮。但事实上，历史上有勇有谋的大将并不在少数。试想，那些战功卓绝、名载青史的名帅悍将倘若没有一点智谋，那么即便不在沙场上战死，也会屡遭同僚排挤、君王猜忌，又岂能善始善终？

孙膑——装疯卖傻，假痴不癫 ················· 80
王翦——临阵索赏，"昧上"避祸 ················ 84
韩信——檐下低头，忍辱负重 ················· 87
灌婴——退而结网，保身济世 ················· 91
卫青——居功不傲，谦恭无虞 ················· 95
邓禹——恬然自守，永耀云台 ················· 99
羊祜——立身清俭，一生谦让 ················· 103
司马懿——如狼之顾，深藏不露 ················ 106
徐达——慎独甚微，独善其身 ················· 113
曾国藩——随他任他，善始善终 ················ 116

乱世英雄

英雄造时势，时势造英雄！每逢乱世，必有人杰涌现而出，在历史舞台上挥舞着智慧的大旗，演绎着惊心动魄的故事！乱世中，每一个脱颖而出的英雄都是智慧的化身，每一次智慧的角逐都是那样惊心动魄。

姬昌——画地食子，终成大业 ················· 122
姜子牙——直钩钓鱼，愿者上钩 ················ 126
勾践——卧薪尝胆，兴越灭吴 ················· 129
范蠡——急流勇退，齐家保身 ················· 133
曹操——"尊王攘夷"，唯才是举 ················ 138
刘备——隐真示假，藏锋守拙 ················· 144
诸葛亮——忠心事主，不触龙须 ················ 149

才子贤人

才高遭人忌，显眼易被折。古往今来，有才之人往往命运不济。但却有这样一群人，他们才华横溢又能够洞悉世事，深谙明智保身之道，轻易不露锋芒，所以在排挤、杀伐之中得以安然度世，留给后人一段段脍炙人口的传说……

孔子——以道事君，不可则止 …………………… 154

阮籍——长醉不醒，不涉是非 …………………… 158

王湛——大智若愚，不慕虚荣 …………………… 161

范仲淹——身处林泉，心怀廊庙 …………………… 165

纪晓岚——巧舌如簧，善于迂回 …………………… 168

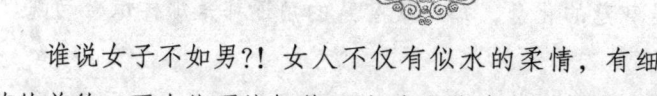

不让须眉

谁说女子不如男?！女人不仅有似水的柔情，有细腻的心思，有如花的美貌，更有绝顶的智慧！试看那些在"男权横行天下"的历史星河之中，闪耀着耀眼光芒的巾帼豪杰，她们哪一个的智谋又在男人之下?！

钟离春——先声夺人，荣登后位 …………………… 174

王妭——他山之石，可以攻玉 …………………… 177

武媚娘——识人有数，谋定靠山 …………………… 180

马秀英——厚德载物，母仪天下 …………………………………… 184

慈禧——引人注目，自有妙法 ……………………………………… 189

史海沉舟

千里之堤，溃于蚁穴！细节决定成败！不谙世事，不注意处世时一些看似无足轻重的细节，那么早晚会毁在这些细节之上。历史上，有很多人物虽辉煌一时，但却转瞬即逝，留给后人的唯有感慨与惋惜。他们不是无才，否则也不会享誉天下，但他们却"聪明反被聪明误"，在细节的把握上失了策略，最终葬送了自己的一生。

商鞅——矫枉过正，功败垂成 ……………………………………… 194

吕不韦——审时度势，稳中求进 …………………………………… 197

项羽——有勇无谋，兵败垓下 ……………………………………… 207

关羽——傲气过盛，败走麦城 ……………………………………… 211

杨修——恃才放旷，身首异处 ……………………………………… 213

李白——开罪小人，葬送前程 ……………………………………… 218

李自成——志得意满，自毁江山 …………………………………… 223

年羹尧——骄横跋扈，自取灭亡 …………………………………… 227

君临天下

江山代有才人出，各领风骚数百年！帝王，手握至高无上的权力，身披无数的荣光，号令天下，莫敢不从。帝王，又是境地最危险的人，古往今来，对于权力的争夺从未间断，谁不想一尝君临天下的滋味。一个身兼大任的人若要从权力的争夺中脱颖而出，若要守住大业、开创盛世，这俨然需要高人一筹的智谋。

嬴政——铲除隐患，绝不手软

每每提到暴君，人们首先想到的必是秦始皇，秦王嬴政俨然已经成为千古第一暴君，是暴君的代表、是暴君中的一竿旗帜。诚然，嬴政的确是个暴君，而且暴戾之气十足。他焚书坑儒，推行严刑峻法，的确是有些令人胆寒。但他若真是残暴不仁到了极致，何不将六国贵族诛杀殆尽？如此，大秦江山又何止二世而崩。

嬴政的铁腕政策，虽然显得有些残暴，但在当时的环境下，无疑又是统治集团维持统治地位的无奈选择。适逢乱世，若不用重典，江山何以保存、地位何以保存、性命何以保存？他征夫40万修筑万里长城，弄得民怨沸腾，但其本意无非是希望江山永固。

当然，这里绝没有为秦始皇开脱之意，但不得不说的是，或许嬴政的残暴只是出于一个帝王的维持自己统治的需要，而非他本人嗜血成性。

秦王嬴政在亲政后两年时间内，就为自己的统治扫清了道路，并且迅速确立起他个人的威望。尽管手段令人不敢苟同，但是秦国人、秦国的大臣，尤其是秦国的武将们，看到了秦国统一的曙光，他们需要这样一个年轻有为、身体健康、处事果断、临阵不慌、能够对敌人无情打击且对统一战争怀有强烈的必胜信心的君主来领导他们吞并六国，结束历经上百年分裂混乱的统一战争，使自己的名字流芳百世。这一点，秦王嬴政没有让他们失望。

【史事风云】

嫪毐是秦王嬴政的母后赵姬的面首，在太后的支持下，他的政治势力迅速上升，先是被封为长信侯，赐山阳（今山西太行山东南），与丞相吕不韦待遇一样，而后更是"事皆决于法"。

公元前238年4月，嬴政率领文武官员离开咸阳，前往雍城举行加冕大典。雍城在秦德公元年（公元前677年）开始兴建，以后历经295年，一直到秦献公二年（公元前383年），这里一直是秦国首都。秦献公二年，迁都栎阳。秦孝公十二年（公元前350年），又迁都于咸阳。由于雍城在秦国历史上的特殊地位，所以凡举行祭祀祖先及各种盛典，均须来此进行。历代国君、后妃以及贵族死后也多归葬于此。

嬴政在雍城蕲年宫如愿地举行了加冕大典和佩剑典礼。剑是古代奴隶主贵族显示身份和地位的重要标志，一般人是绝对禁止佩带的。秦国一直到简公六年（公元前409年）才允许官吏可以佩剑，但一般人仍不许佩带。国君也是在举行加冕礼之后方可佩剑。所以，嬴政不仅要举行加冕典礼，正式接手国家事务的管理，同时将一把佩剑佩带在自己的腰上，以显示自己至高的地位。

加冕典礼刚刚举行完毕，从首都咸阳传来消息，信阳侯因为嬴政派人调查其不法之事，心中恐惧，先发制人，用伪造的秦王玉玺和太后玺调发县卒（地方部队）以及卫卒（宫廷卫队）、官骑（骑兵）等准备进攻蕲年宫作乱。

获知叛乱的消息后，嬴政在众大臣面前显得异常沉着、冷静，他面无表情地听完报告，然后胸有成竹地命令相国昌平君及昌文君调发军队，前往咸阳镇压。实际上，这是一场嬴政早已料到的叛乱，一切他都已经有所安排。

平叛的战斗并不激烈，叛军不堪一击，在强大的秦军面前一触即溃，数百人被斩首，从这个数字也可以看出叛军人数不多。另外，从派去镇压平叛的将领也可以看出，年轻的嬴政根本就没有把嫪毒放在眼里。这两个人，昌平君和昌文君，他们既非名将，又无突出的政绩，甚至连名字都没有留下。昌平君还有点事迹，宋代裴马因《史记集解》载："昌平君，楚之公子，（秦）立以为相。后徙于郢，项燕立为荆王，史失其名。"而"昌文君名亦不知也"。派去两个不知名的人便轻而易举地将叛乱镇压下去，反映出嬴政有别于众的用兵风格。

叛军被击败，秦王嬴政下令将嫪毒和卫尉竭、内史肆、佐弋竭、中大夫令齐等二十人，全部枭首（斩首后将人头悬挂在高杆上示众），然后将尸体车裂。同时还"灭其宗"，将其家人满门抄斩。他们的舍人，最轻的处以鬼薪（为官府砍柴的刑罚），更多的人则被处以迁刑，共有四千多家被夺爵远徙蜀地的房陵（今湖北房县）。

对于太后，则不能用杀戮的办法，毕竟她是嬴政的亲生母亲。尽管嬴政不接受儒家思想，但提倡孝道并非儒家的"专利"，不过太后确实让嬴政很难堪，心中难以饶恕，于是嬴政把太后迁出咸阳，令其往雍城居住。

收拾完，该来收拾吕不韦了。秦王嬴政十年（公元前237年），嬴政下令罢免了吕不韦的相国之职，接着又命令他离开咸阳到食邑地河南去居住。

由于吕不韦执政十几年，对秦国功劳很大，在各诸侯国中威望很高，所以到河南探望吕不韦的人士众多，"诸侯宾客使者相望于道"。得知吕不韦周围的情况后，秦王有些坐立不安了，他怕吕不韦会逃离秦国。那样的话，凭吕不韦现在的威信，联络各国反秦会给秦国带来危险的。思前想后，既不能派兵前往——出师无名，且易激变；又不便将吕不韦抓回咸阳——抓来也无法处刑，要处刑早就处了还用等到现在吗？

最后，秦王想出一个好办法，他派人给吕不韦送去一封信，信中说："您对秦国有什么功劳呢？秦国封给您河南之地，食十万户；您与秦国有什么亲缘却号称仲父？带着你的家人到蜀地去住吧。"看到这封信，吕不韦的心都快碎了。他不仅将其对异人、对秦国的功劳一笔勾销，而且暗含杀机。吕不韦知道嬴政的脾气，他不死，事不宁，迁徙到蜀地也是个受罪的命，干脆满足他算了。于是吕不韦饮毒酒自杀，成全了嬴政，时间是秦王嬴政十二年（公元前235年）。

至此，妨碍嬴政治国秉政的两大集团被彻底消灭。

【人物探究】

"秦王扫六合，虎视何雄哉！"秦始皇能够在内有权臣、外有劲敌的环境下，扫出一片天下，确又有他的不凡之处。

1. 羽翼未丰，隐忍不发

很显然，吕不韦、嫪毐专权并非一天两天，对此，骨子里唯我独尊的秦始皇竟一直睁一只眼闭一只眼。可见，他的隐忍功夫也不是常人能比的。秦始皇当然知道，这时的自己只是"傀儡皇帝"，羽翼尚未丰满，倘若逞强发难，自己很难有胜算。是故，他一直在忍耐，而时机一旦成熟，他便不再手软。

2. 未雨绸缪，沉着应战

嫪毐得知秦王准备对付自己，率先发难。其实，嬴政对此早有准备，他沉着地调兵遣将，一举平定判乱，在秦国人面前，为自己树立起了足够的威严。

3. 面对威胁，绝不手软

这或许也是秦始皇最受诟病之所在，他执政期间，但凡威胁到自己统治地位的外在因素，都会竭力去铲除，于是嫪、吕二人先后落马，于是又有了后来的"焚书坑儒"。但从某种意义上说，或许正是秦始皇的铁腕政策，才促成了中国历史上第一次真正意义上的统一。

4. 除恶务尽，不留后患

吕不韦虽然已被除去相职位，但威信犹在，在秦始皇看来，他就像一颗不定时炸弹，随时都有可能摧毁自己辛苦建立起来的基业。对于这种潜在的巨大隐患，唯有除之才能后快，于是他不动声色地遣书一封，暗含杀机，结果了吕不韦的性命，为自己的帝国大业彻底荡平了道路。

【谈古论今】

害群之马的威力是巨大的，轻则制造小麻烦，重则引起大混乱，甚至动摇我们领导权的根基。在这个问题上任何拖延迟疑、心慈手软的做法都是对自己不负责任。秦始皇的安内之道告诉我们：在不需要"圆"的时候，那就念好这个独一无二的"方"字经。对害群之马，绝不姑息！

刘邦——偏安一隅，蓄势待发

刘邦是中国历史上第一位由平民登上皇位的帝王。据说，刘邦少年时不务正业，既不爱读书，又不肯做些力所能及的活计，赖以养生，而是整日和一帮混混厮混。因此，邻里乡亲都很不待见他，就连他的父亲都怒称他为"无赖"。

然而，就是这样一位"无赖"却能在烽烟并起的乱世之中站稳脚跟，并最终击败实力雄厚不可一世的西楚霸王项羽，可见，其智慧是何等的不凡。

其实，客观地说，刘邦自登基以后，一面平定诸侯王叛乱，一面采用休养生息的政策治理天下，正是他使四分五裂的中国真正统一起来，又将分崩离析的民心重新凝聚。他对汉民族的统一及汉文化的发扬，具有决定性的作用。

刘邦绝对称得上是一位传奇皇帝，同样，他的"发迹史"亦可称之为一段传奇，他亦曾有过寄人篱下、颠沛流离的时刻，而正是凭借着不同一般的谋略，他才能够走出重重困境。

【史事风云】

秦末，烽烟并起，十八路诸侯王誓要推翻暴秦统治。项羽经"破釜沉舟"一役，大败秦军主力40万，就此奠定了秦王朝覆灭的基调，同时也为刘邦入关开辟了有利条件。

依楚怀王先前约定——"先入定关中者王之"，刘邦先入咸阳，照理应做关中王，但项羽自恃功高势大，佯尊楚怀王为义帝，分封十八路诸侯，自封为西楚霸王，欲独霸天下。

项羽分封诸侯时，封刘邦为汉王，并拨给他3万兵马（原来汉王有10万兵马，现在只给3万），随同他前往汉中。在秦末起义军的众将领中，汉王刘邦毕竟是一位声望甚高、宽厚仁慈、有长者之风的人。当他前往汉中时，楚与各路诸侯中因仰慕而甘愿随从他前往汉中的，竟有数万人之多。这对于汉王来说，无疑是精神上的一大安慰。

汉王率所部人马前往汉中，所经过的路线是从杜南进入蚀中。一是可以向南走通往汉中的重要谷道，即子午谷，南端的谷口是汉中的南康县；一是可以向西到达眉县西南，走斜谷，再入褒谷。从《史记·留侯世家》"良送至褒中"的记载来看，汉王是从杜南经蚀中，然后西行到达眉县，由眉县西入斜谷，经斜谷由关中到达汉中。

在进入斜谷之前，汉王率领将士们一路西行。途中，这些来自东土的士卒，仰望南面那横亘东西的秦岭，远方那层峦叠翠、耸入云端的高山，当他们听说山峦的那边便是汉中时，心中顿生迷茫之感，真不知自己所要奔往的去处究竟是天下的何方，离家乡又有多远，会是怎样的一个世界。不消说，在这一段西行的路上，将士们的心情是低沉的，人人少言寡语。

到达眉县西南，大军进入斜谷，斜谷道路狭窄，几万大军呈一字形，穿行于峡谷之中，蜿蜒有十余里之长。自进入斜谷，穿越秦岭，又是一番景象，脚踏谷底的碎石，两侧是令人望而生畏的悬崖峭壁，飞鸟哀鸣，猿猴啼叫，亦是一片凄凉的气氛。唯有头顶上的那一线天空，它既给士卒们以希望，又有几分令人恐惧，但终归他们还是觉得自己的生路只能系在这一线天空的前方。途中，有时要行进在峭岩陡壁的栈道之上，这种栈道是在峭岩陡壁上的险绝之处，傍山岩凿出洞孔，施架横木，铺上木板，以通行人马，而栈道下面又是万丈深渊。第一次走上这种栈道的士兵，一般不敢往栈道下边看，即便如此，也难免胆战心惊。

当将士们将要走出斜谷时，他们回首顾盼，都深深地出了一口长气，第一次经受了他们跟随刘邦转战南北以来的洗礼与考验。

至于汉王刘邦，一路上也是思绪万千。他总是用萧何的劝谏，来驱散时时袭来的无名烦恼；又幸亏有张良等人一路陪同，或指指点点，谈笑风生；或倾听张良讲述兵法，谈古论今。在部下将士们冷眼看来，他们的汉王能够如此神态自若，真是他们的安危和希望所系。

刘邦到达汉中以后，决定在此养兵蓄锐，养民招贤，再图收复三秦。不久，齐、赵和彭越率众反楚，项羽只得召集主力击齐，以稳定局势。刘邦乘势而出，出故道，迅速收复三秦，并率兵继续东进，迫使项羽陷于两线作战的境地。因项羽的主力部队集于齐地，无暇兼顾，刘邦遂乘机兵入洛阳，同时，以项羽放杀义帝为由，召集各路诸侯军共计56万余人，攻陷楚都彭城。项羽得知都城失守，亲率精兵3万星夜回师，诸侯联合军本就是临时召集的"乌合之众"，不堪一击，项羽一举收复彭城，刘邦军几乎全军覆灭，只剩数十骑与之突围出去。

彭城之战以后，项羽与刘邦集团便进入相持阶段，这一对峙便是两年零四个月。但刘邦并未闲着，他积极组建骑兵部队，遏制楚军的进攻。与此同时，刘邦军一方面固守荥阳、成皋一线，一方面积极在项羽军后方及侧翼开辟新战场。这一战略正中项羽的致命弱点，成效颇为显著。

公元前205年，淮阴侯韩信闪电般地平魏下赵得燕、齐，斩断了楚军的左膀右臂，使项羽成为地地道道的孤家寡人，完全陷入反楚阵营的包围圈，失去还手之力。

公元前203年，项羽无奈之下，只得与刘邦商议和解，双方约定以鸿沟为界，鸿沟以西为汉，以东为楚。当年九月，项羽率众东归，刘邦深知项羽此一去无异于放虎归山，于是趁势率兵攻楚。

公元前202年，韩信用十面埋伏大计将项羽困于垓下，汉军四面唱起楚歌，楚军斗志全无。项羽率极少部众突围至乌江，因觉"无颜见江东父老"，自刎而亡。刘邦终于君临天下，建立了西汉王朝。

【人物探究】

秦朝覆灭之初，论势力，刘邦远不如项羽，但最终却成功逼得项羽垓下自刎，成就千古霸业，其原因究竟何在？

1. 能听人言

刘邦攻入关中，本欲住在秦朝华丽的宫殿，心腹樊哙、张良及时劝阻，提醒刘邦勿失民心，刘邦依言，还军灞上，并采用萧何之策，与百姓约法三章，昭信天下；相反，韩生建议项羽建都咸阳，项羽却说："富贵不归故乡，如衣绣夜行，谁知之者！"并将韩生烹杀。

2. 能受不公

依"先入关者为关中王"的约定，刘邦理当据有关中之地，但楚霸王项羽依仗实力，蛮不讲理，将其远封到汉中偏僻之地。此时，刘邦若不能忍，据理力争，那么势必与项羽反目，此举无异于以卵击石，其结果只有一个——被项羽擒杀，历史上也就不会有盛极一时的大汉王朝。

3. 能用人才

刘邦用人，不论出身，陈平盗嫂、樊哙屠狗之辈，刘邦皆可用之，他容人之短，取其所长，遂使得帐下人才济济，诸如萧何、张良、韩信、周勃、陈平、樊哙、蓝玉、夏侯婴等；反观项羽，令韩信为执戟郎，有一范增又不能用，终成为孤家寡人。

4. 能忍失败

刘邦兵败，积蓄力量、巩固战线，力图东山再起；项羽被围垓下，本可渡过乌江，以其威名，集江东猛士，再图中原，但他却自认无颜见江东父老，自刎江边。

可以说，楚汉之争的结果，完全决定于项、刘两人的谋略及性格。刘邦能够君临天下，很大程度上得益于他能忍，能够听从良言，领兵出斜谷、入汉中，偏安一隅，保存实力，蓄势待发。

事实证明，刘邦的策略是非常正确的。得益于运筹帷幄，决胜千里的张良；镇国家，抚百姓，给饷馈，不绝粮道的萧何；连百万之众，战必胜，攻必取的韩信；以及刘邦本人有志气、有个性、有胆量、有胸怀的领导气质，他最终还是成功地扭转了战局，在青史上写下了光彩浓重的一笔。

【谈古论今】

不争锋芒，以曲为伸是一个人成大事的手段，而不是毫无进取之心的态度；偏安一隅，只是蓄势待发的准备过程，而不是苟且偷生地活着。刘邦做到了，他成功了，这也实为一个不容忽视的事实，那就是：暂且忍耐一时，自然会风光一世。

刘秀——徐图大业，怀"柔"兴汉

关于"柔"和"刚"，历史上有这样一段经典对话——韩平子问叔向："刚和柔哪个更坚固？"叔向回答："我年纪已经大了，牙齿已经完全脱落，而舌头还存在。老子曾经说过：'天下最柔弱的，能够进入到最坚固的境地。'又说：'人活着的时候是很柔弱的，死了以后变得坚硬。万物草木活着的时候柔弱脆嫩，死了以后就干枯。'由此看来，柔弱的是属于活着的一类，强硬的是属于死了的一类。活着的如果被损毁就一定能够复原，死了的被破坏就更加趋向毁灭。由此看来，柔弱比刚强还要坚固。"平子说："说得好！那么你顺从哪一点呢？"叔向说："我是活着的，为什么要顺从刚强呢？"平子说："柔弱难道不是脆弱吗？"叔向说："柔弱的东西打成结不至折断，有棱角也碰不掉，怎么能算是脆弱呢？上天的意旨是让微弱的取胜。所以两军相遇，柔弱的一方一定会战胜另一方；两仇互相争利，柔弱的一方能够获取。《易经》上说：'天象的规律是损满盈以增益谦虚，地上的规律是改变满盈而流向谦下，鬼神降灾给满盈而赐福给谦让，人世的规律是厌恶骄傲而喜欢谦逊。'只要能抱着谦逊不自满的态度，虽然柔弱，也会得到天地鬼神的帮助，哪里能不得志呢？"平子说："说得好。"

由此可见，以柔为主，寓刚于柔，以柔克刚，这样的"柔道"，才是世人生存、处世的理想境界。

纵观古代君王，能够将此"柔道"运用得挥洒自如之人，非汉光武帝刘秀莫属。他的故事，最精彩之处莫过于"以柔开国"的那段传奇，无怪乎后世有人称刘秀是"忍术最好的皇帝"。

【史事风云】

西汉末年，王莽篡位，骄奢淫逸，民不聊生，很快就失去了民心。各路豪杰和农民起义军纷纷兴起，与王莽政权斗争。这些起义军的领袖有很多都自称是汉代宗室，以示自己的起义的正义性，同时借由人们对汉室的思念吸引更多的人加入。这其中有真宗室，也有假宗室。

这其中刘縯、刘秀兄弟参与领导的起义军，也是打出匡复汉室的旗号，拥立族兄刘玄为帝，号更始帝。但是刘縯、刘秀兄弟威名日盛，越来越受人爱戴，引起刘玄的不安，一些依附刘玄的将领们开始劝刘玄除掉刘縯、刘秀兄弟。

这时刘縯手下的一些人不服刘玄当皇帝，就公开拒绝刘玄的任命，有的人还说："本来起兵图大事的是伯升（刘縯字伯升）兄弟，现在的皇帝是干什么的？"于是刘玄就借封刘縯部将刘稷为抗威将军而不受之故，把刘稷及为他说情的刘縯杀掉了。

刘秀当时正在宛城，听到哥哥被杀，十分悲痛，大哭了一场，立即动身来到宛城，见了刘玄，并不多说话，只讲自己的过失。刘玄问起宛城的守城情况，刘秀归功于诸将，一点也不自夸自傲。回到住处，逢人吊问，也绝口不提哥哥被杀的事。既不穿孝，也照常吃饭，与平时一样，毫无改变。刘玄见他如此，反觉得有些惭愧，从此更加信任刘秀，并拜为破虏大将军，封武信侯。其实刘秀因为兄长被杀而万分悲痛，此后数年想起此事还经常流泪叹息。但他知道当时尚无力与平林、新市两股起义军的力量抗衡，所以隐忍不发。刘秀的这次隐忍，既保全了自己，又在起义军中赢得了同情和信赖，为他日后自立创造了一定条件。

公元23年9月，刘玄的军队相继攻下长安和洛阳。刘玄打算以洛阳为皇都，便命刘秀先行前往整饬吏制。刘秀到任，安排僚属，下达文书，从工作秩序到官吏的装束服饰，全恢复汉朝旧制。当时，关中一带的官员赶来迎接皇帝刘玄去长安，他们见到刘玄的将领们头上随便包一块布，没有武冠，有的甚至穿着女人衣裳，滑稽可笑，没有庄重威严的样子，但刘秀的僚属却是仪容整齐。一些老官员流着泪说："没想到今天又看到了汉朝官员的威仪！"他们纷纷对刘秀产生敬佩心理。

在当时全国独立称王的有十多个集团。王莽拥有从洛阳到长安的地盘。更始帝及所属绿林，由今日之湖北西北透过河南西南向这地区前进。山东之赤眉，也自青州，徐州向西觊觎同一地区。

刘玄定都洛阳以后，便欲派一位亲近而又有能力的大臣去安抚河北一带。刘秀看到这是一个发展个人力量的大好机会，便托人往说刘玄。刘玄同意了这个请求，刘秀就以更始政权大司马的身份前往河北，开始了扩张个人势力、建立东汉政权的活动。

不过，那里有王郎称帝。王郎原本是以占卜为生，但现在也假称自己是汉成帝的儿子，自立为汉帝，起兵攻取州郡，一时很有声势。刘秀初抵邯郸时力尚未丰，只能采取迂回战略，径向极北定县蓟州各处，一路以劝服征伐等方式，集合几万人的兵力，于次年春夏之交，才回头拔邯郸诛王郎。这是用南北轴心作军事行动的方针，以边区的新兴力量问鼎中原，超过其他军事集团的战略。

后来刘秀集结兵力，经过数番激战，最后合围巨鹿，使敌人分兵，最后一举攻取了邯郸。

王郎战败被杀，结束了皇帝梦。刘秀收查他的往来文件书信，发现里面有手下官员们写给王郎的上千封书信，内容很多是诋毁和诽谤刘秀的，甚至有出主意剿杀刘秀的。左右劝他严加追查，好一网打尽。刘秀未置可否。

一天，刘秀把官员们召集在一处，点起炉火，火光映照在士兵们的刀枪上，显得威严而肃穆。那些与王郎暗中往来的官员都惶惶不可终日，脸色苍白，他们知道一旦追究起来，即使不是杀头，也会被关进深牢大狱。胆小的人开始瑟瑟发抖，胆大的也开始后悔没有早些逃走。

刘秀却是一副若无其事的样子，他让士兵把那些信都扔进火炉，看着书信燃烧成灰烬，然后说："现在大家可以安心了。"

官员们都拜伏在地上，庆幸自己逃过了一劫，同时也很感激刘秀放过他们。从此以后，再也没有人敢对刘秀有二心了。

就这样，刘秀以他的谋略和宽容收服了人心，实力渐渐增强，最后不仅灭掉刘玄为兄长报了仇，而且成为东汉的开国皇帝。

【人物探究】

刘秀要统率驾驭很多不容易领导的人物，而都能够补短截长，互相牵制，除了他的宗室身份、谨厚的声名和领导能力外，同时还在于他有着忍性和宽容之心。

1. 君子报仇，十年不晚

刘玄与刘秀兄弟反目之时，刘秀羽翼未丰，若是快意恩仇，直接与刘玄叫板，弄不好就是两败俱伤。非但有可能报不了杀兄之仇，更有可能令他人乘虚而入，将自己兄弟辛苦建立起来的基业毁之一旦。所以，刘秀选择了主动认错，虽然这错并不在他。事实证明，刘秀的谋略是很成功的，刘玄非但没有加害于他，反而略感惭愧，并对他委以重任。这更为刘秀的崛起创造了条件。此后，刘秀一直表现得非常低调，进一步取得了刘玄的信任，最终"反客为主"灭掉了刘玄，报了杀兄之仇。

2. 少杀多仁，获取人心

从历史资料中我们可以看出，刘秀之所以能够获得成功，不仅因为他能"忍"，还在于他深谙"攻心之道"，能够将"人心"管理得服服帖帖，这一点很值得我们学习。

所谓得人心者得天下，与其将人们赶到与自己为敌的一方，还不如对他们施以德行，以收为己用。正如古人所说："大德容下，大道容众。

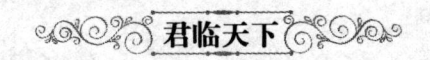

盖趋利而避害，此人心之常也，宜恕以安人心。"

刘秀在这方面做得很好，他"怀柔"兴汉，少杀多仁，不论是军事、政治还是外交等方面都治理得很好。曹操以奸诈成功，刘秀以"柔道"而得天下，看来，儒、道理论并非迂腐之学，只要运用得当，完全可以比别的方法更有效，更好。

【谈古论今】

大德能够容纳下方，大道能够容纳众人。人都有趋利避害的本能，这是人之常情，是故领导者应以宽容安人心。古人常说："得道多助，失道寡助。"但是受到别人的拥护不仅仅在于是否有"道"，还在于你是不是会包容别人，原谅别人犯下的过失，以让人心得到安定。人心安定了，人际关系自然就会和谐，做什么事也都会有人帮助和拥护了。

李世民——出其不意，先发制人

作为一代圣君，李世民留给世人最大的诟病，恐怕就是发动玄武门兵变，诛杀弟兄一事吧。但设身处地地想一想，倘若李世民不先发制人，诛建成、元吉于玄武门，那么他日引颈受戮的必然是自己。

据史料记载，李世民频受太子、齐王迫害，手无兵权。若发动兵变，其实质是以秦王府区区一千余人对抗东宫数万人，力量非常悬殊。倘若李世民不是被逼得走投无路，是断不会冒此大险的。

再者，李世民是十分顾及道德评论的，否则，他就不必在后来编撰史书时，想方设法在道德上美化"玄武门"兵变一事。只不过，面对

"敌不亡我亡"、生死存亡取决于一念之间的高危处境，他已无暇顾及后世的评论。因为一旦在这场政治斗争中落败，李世民丧失的将不仅仅是权柄，还有性命，那是秦王府上下近千人的性命，这他不能不顾及。

更何况，顾及道德无外乎是为身后留下美名，但在当时的环境下，成者王侯败者贼，他若失败，一切恶名都会被冠在头上，而李世民留在历史上的记录必将是一个野心勃勃、内心阴暗的失败者面目。对于这一点，相信李世民也是心知肚明的。

所以李世民深知，若不流血，就无法彻底击败李建成，若不先发制人，就无法保住自己以及秦王府诸人的性命。是故，他出手了，而且一出手便是杀招。也正是由于他的这份果断与谋略，才保全了全家人的性命，同时也将大唐王朝推向了一个前所未有的高度。

【史事风云】

唐王朝之所以能够建立，秦王李世民功不可没，因此李渊在称帝以后，特册封李世民为天策上将，其地位还要在诸王公之上。李世民又招贤纳士，使得大批名重一时的文臣武将聚集在自己麾下，诸如尉迟敬德、程咬金、秦叔宝、侯君集、长孙无忌、房玄龄、杜如晦等。李世民拥有如此声势，自然会招惹太子李建成和齐王李元吉的恐慌与忌恨，尤其是太子李建成，深感受到李世民的威胁，日夜担心太子之位不保。

于是，李建成和李元吉这两兄弟勾结起来，联合后宫一些嫔妃，在李渊面前大进谗言。再者，李世民确实有功高盖主之嫌，虽为李渊亲子，但帝王之家不同一般，高祖难免有些猜忌李世民，这令李世民一时如履薄冰。

一次，太子建成邀李世民赴宴，暗在酒中下毒。李世民饮酒后，突感心痛如绞，随后口吐鲜血。他自知遭遇暗算，急忙回到秦王府，幸好解救及时，才不致毒发身亡。

626年，朝廷突然盛传突厥将要入侵，太子李建成力荐齐王元吉领兵出征。李元吉趁机请求让尉迟恭、程知节、秦琼、段志玄随行，并挑选李世民手下的精兵充实军队，想借机夺去李世民属下的兵将。李建成和李元吉还密谋，等到饯行之日，便在昆明池设宴，乘机刺杀李世民。不料太子宫中的率更丞王晊将这一计划泄露给李世民。李世民知道事情紧急，立即入朝将太子的阴谋告诉了高祖："臣于兄弟无丝毫负之，今欲杀臣，似为世充、建德报仇。臣今枉死，永违君亲，魂归地下，实耻见诸贼！"高祖一时愕然，难以相信，只说："明当鞫问，汝宜早参。"即令通知太子、齐王明天早朝，由诸大臣公断曲直。然而，此时的李世民已经下定了决心要杀掉李建成、李元吉。

玄武门即长安宫城北门，地位重要，是唐朝中央禁卫部队屯守之所。负责门卫的将领是常何，此人是李建成的旧属，后被李世民所收买，这就为李世民的举事提供了极大便利。此外，守卫玄武门的其他一些将领如敬君弘、吕世衡等，也被李世民收买。应当说，在京师处于劣势的李世民，在玄武门将领处打主意，是很有远见的一招。

第二天一早，李世民带着尉迟敬德、长孙无忌等人埋伏在玄武门附近。玄武门是皇宫大门，是入宫必经之路，守卫玄武门的禁卫军统领常何，原来是李建成的心腹，此时已为李世民所收买，正欲帮助李世民展开行动。然而就在此时，后宫张婕妤探得了李世民的动机，立刻向李建成报告。李建成找李元吉商量，李元吉认为应暂避一下风头，托病不去上朝，观察一下形势再作打算。李建成认为只要布置好兵力，玄武门的守将又是自己人，还有嫔妃做内应，怕他何来？不妨进宫看看动静再说。

两人骑马进入玄武门，叫亲信侍卫在宫外等候。李建成和李元吉走到临湖殿，发现情况异常，李元吉对李建成说："殿下，今天气氛怎么这样肃杀，连一个侍卫都不见，我们还是回去吧！"于是，两人拨马便往回走。

其实，李世民带领亲信将领早已进宫，这时见二人要溜走，便从隐蔽处走了出来，喊道："殿下，别走！"李建成、李元吉料想不到李世民会在此时现身，而且全副武装，知道事情不妙，走得更快了。不一会儿便来到玄武门前，大喊："常何，快开门！"然而任凭他俩叫破嗓子，也无人答理。李元吉大骂："我们上当了，常何投靠了李世民。"说着，他弯弓搭箭射过城门，落在城外的草地上，在那里等候的亲随接到警报，立即驰马去东宫报信。

李建成也动起手来，他不问情由，一连向李世民连发三箭，因为心慌意乱，失去准头，皆未射中。李世民却早有准备，只一箭就把李建成射中落马，顿时气绝身亡。

李元吉急忙从横里逃去，迎面碰上尉迟敬德，他回转马头逃跑，忽然一阵乱箭射来，他趁势滚下马鞍，想钻进附近的树林里躲藏，谁知李世民此时已绕过来堵住了他的退路。两人相见，立即扭在一起。李元吉拼着全身力气，压在世民身上，要用双手去扼他的脖子。恰在这时尉迟敬德赶到，李元吉放开了李世民，撒腿就跑，被尉迟敬德一箭射死。

此时玄武门外已聚集了不少兵马。东宫接到警报后，大将冯诩、冯立和齐王府的薛万彻带领2000多名卫士在攻打大门，常何急命人抵住大门，玄武门守将敬君弘、吕世衡出城作战，不幸战死。东宫、齐王府的人马又分兵去攻打秦王府，一场更大的战乱就要酿成。正在此时，尉迟敬德走上城楼，扔下两颗带血的人头，大声喊道："太子和齐王联合谋反，奉皇上之命讨伐二贼，你们看，这就是他们的下场，你们要为谁卖命！"东宫和齐王府的人看见两颗人头果然是他们的主子，既然太子李建成和齐王李元吉已经被杀，除了作鸟兽散，他们还为谁卖命，于是局势旋即平定下来。事后李世民对他们不予追究，并把他们争取过来为秦王府效力。所以这次兄弟相残之事并没引起更大的战事。

当三兄弟打得你死我活时，李渊正带着大臣、妃嫔在太极宫中乘船游玩，此时尉迟敬德却一身豪气地前来"逼宫"："陛下，太子、齐王叛乱，已被秦王杀死，特派微臣前来为陛下保驾！"

李渊听到这个消息十分难过，一时无话，只赶紧吩咐船只靠岸，便问在侧的大臣裴寂："此事该如何收场？"

裴寂是个佞臣，忙推托说："这是陛下的家事。"萧瑀、陈叔达却趁机进言说："建成、元吉本不预义谋，又无功于天下，妒秦王功高望重，共为奸谋。今秦王已讨而诛之，秦王功盖宇宙，率上归心，陛下若处以元良，委之周事，无复事矣！"

李渊见大势已定，便顺势说："善，此吾之夙心也。"此时，宿卫及秦王府兵与东宫、齐王府兵的战斗尚未全部结束，李渊便写了"手敕"，命令所有的军队一律听秦王的处置。

玄武门之变就这样以李世民的成功而告结束。

李渊及时改立秦王为太子，并敕令军国庶事，无论大小悉要其处决。八月，高祖李渊退位为太上皇，传位于李世民，是为唐太宗。

【人物探究】

常言道："忍无可忍，则无需再忍"。李世民不是没有忍，面对着太子建成和齐王元吉的一次次挑衅、排挤与迫害，他尽量退让，力求不与兄弟内斗。然而，心胸狭隘的太子及齐王依然得寸进尺，他们对劳苦功高的秦王忌讳甚深，不除之难心安。当李世民意识到自己以及秦王府上下上千生命受到严重威胁之时，他决定不忍了，这便有了历史上著名的玄武门兵变。抛开李世民统兵征战、治理天下的才能不说，单单重读这段历史，我们便可从中窥出他过人的谋略。

1. 出其不意，果断出手

李世民得知太子、齐王要加害于自己，他没有丝毫的犹疑，便决定将计就计，反戈一击。太子与齐王二人依仗自己在皇城内势大，加上秦王做得滴水不漏，遂没有丝毫防备。也正因如此，玄武门兵变并没有掀起太大战乱，秦王轻而易举地诛灭二人。

2. 深谋远虑，绝不草率

李世民得知太子的阴谋以后，先去告知李渊，这就为他诛杀二人找到足够的理由——是他们不仁在先，就休怪我不义了，所以李世民发动兵变以后，李渊未多加责怪，满朝文武也多"无话可说"。

李世民选玄武门为埋伏点，乃建成、元吉二人入宫必经之路，又收买守将，调兵遣将，步步为营，集天时、地利、人和于一身，足见其心思是何等细密。

在这紧要关头，他出其不意，反戈一击。击得稳妥，击得有策略，才将胜利牢牢握在手中，否则一击不成，很有可能便会打草惊蛇，反遭蛇噬。

【谈古论今】

当然，我们并不提倡人与人之间"兵戎相见"，但倘若对方得寸进尺，一再威逼，甚至威胁到你的身家性命，那么我们就不能再"以和为贵"，坐以待毙了。人的命运由自己主宰，倘若你太过软弱，放纵别人来操纵你的命运，那么你注定会失去很多，这其中可能包括你的财富、你的地位，甚至是你的性命。

李隆基——果敢干练，闪电出击

在唐朝历史上，李隆基是执政时间最长的一位皇帝，他在执政初期，锐意进取，以民为本，勤于政务，遂使政治、经济日趋繁盛，乃至达到中国封建王朝的鼎盛。但是到了晚年，他却愈发昏庸起来，不仅荒废朝政、追求奢华，还眷恋美色，宠信奸佞，最终引发"安史之乱"，于是唐朝就此衰落下去。

抛去历史功过不说，李隆基，这个传奇皇帝，他足以称得上是中国历史上经历最为丰富的九五之尊。少年时的李隆基，便显露出个性刚毅、足智多谋的一面。而他从临淄郡王到平王再到太子，最后成为君临天下的帝王，只用了短短两三年的时间，更是令人为之惊叹。显然这一切均与他的才能、实力与魄力有着直接的关系。大唐经历了武氏易国，韦后乱唐之后，终于迎来了一个足以令其安定的人。

【史事风云】

唐中宗李显的皇后韦氏，是一个专权放荡而又心狠手辣的女人。她自从登上后位，便想把过去受的苦都弥补过来，处处仿效武则天，一心要专权。中宗临朝，她就垂帘于后，参与政事。中宗原本性情就温和，又与韦后同甘共苦多年，对她十分信任，所以很多事情都放手让她处理。而韦后一旦掌权，便安插亲信，消灭反对者。韦后在生活上也十分放荡，先后与武三思、和尚慧范等私通。

朝臣郎岌和燕钦融冒死上书，揭露韦后扰乱国政，并控告安乐公主、武延秀、宗楚客等追随韦后图危社稷。中宗原本对安乐公主十分宠爱，因为安乐公主是他和韦后被贬庶时生下的女儿，从婴儿时期就跟着父母亲吃苦，所以他总觉得对不起这个小女儿，处处容忍她。可是这回中宗经过调查，认为情况属实，就有了废后的打算，并准备教训女儿一下。可是韦后和安乐公主竟然在中宗的食物中下毒，将这个温和的皇帝毒死了。

韦后在中宗死后，立他16岁的幼子李重茂为帝，自己以太后的身份临朝称制。宗楚客等劝韦后仿效武则天，革除唐命，谋害李重茂，另立新朝。已经被权力的欲望所深深迷惑的韦后深忌原来做过皇帝的小叔子相王李旦，便筹划先除掉李旦，再害死李重茂，以清洗政敌防止暴动。

相王李旦之子临淄王李隆基，目睹韦后的暴虐行径，痛心疾首。面对韦后的强权淫威，他毫不畏惧，暗地招募勇士、豪侠及羽林军中志同道合的人，策划着挽救唐王朝的命运，把皇权从韦后手中抢回来。兵部侍郎崔日用知道宗楚客等人的阴谋，就秘密派人通报李隆基，让他早作打算。

李隆基与姑母太平公主等人秘密筹划，决定兴兵靖逆，先发制人。李隆基愤怒地说："韦后干预朝政，淫秽宫廷，毒死中宗，临朝称制，现在又预谋屠杀幼帝，清洗异己，实在是天下共愤，罪不容诛。"但是很多人都认为韦后大权在握，京城各门都有重兵把守，羽林军也在韦氏的掌握之中，万一机事不密，计划不周，就会招来杀身之祸。李隆基坚定地说："大唐国运，危在旦夕，我作为皇室宗孙，怎么能坐视不问呢？古今成大事者，都要有一点冒险精神，铤而走险或许能够成功；畏惧退缩，只能坐以待毙！"他的果决感动了许多追随者。

还有人说："这么大的事，应该先告诉相王，听听他的意见。"李隆基反对说："我们发动大事，目的在于报效国家，事成则福归相王，不成则以身殉国，也不会连累相王。现在告诉他，如果他同意，则有参与险事的嫌疑；不同意又会坏了我们的大事。"

一切准备妥当后，在中宗死后的第十八个晚上，李隆基与刘幽求等人穿着便装，来到禁苑中找钟绍京商议。但是钟绍京临时反悔，拒绝接待李隆基等人。眼看离约定的时间还差两个时辰，李隆基心知这要是走漏了风声，大事就完了，他们那么多人的性命也就要结束了。于是，他派刘幽求带重金从后门进去，煽动钟妻许氏。许氏果然一口应承，对钟绍京劝说道："舍身救国，天必相助，况且你事先已经参与同谋，如今就是想不干也不成了，日后若是走漏风声，你一样会被韦氏所杀掉的。"

钟绍京被说动了，同意帮助李隆基。

入夜，李隆基率兵潜入禁苑，羽林军早已屯居玄武门。李隆基直捣羽林军总管韦播的寝处，杀了韦播，然后提着人头集合羽林军，慷慨宣称说："韦后毒死先帝，乱政篡权，危害大唐国运。现在奉相王之命，为先帝报仇，捕杀诸韦和一班逆臣，拥立相王以安天下！如有心怀两端，助逆为虐者，罪杀三族。事成之后论功行赏。报效国家、建功立业的时机到了，大家快随我来！"

这番话得到羽林军将士的响应和支持，李隆基率领众豪杰与羽林军总兵钟绍京带领的三百兵将，合兵一处，直趋韦后寝宫。韦后见乱，立即向飞骑营逃去。李隆基追上去，亲手诛杀了韦后。

【人物探究】

其实，隆基少年便胸怀大志，韦后乱唐，他早就有心诛之。但是，当时，双方的力量对比存在很大差距，韦后具有明显优势。

1. 舆论优势。中宗一死，韦后便立其小儿子李重茂为帝，自己则躲在幕后操纵权柄。她所颁布的一切政令皆冠以李重茂的名义，谁若不服号令，就是不遵皇帝圣令。

2. 军事优势。中宗一死，韦后立即加强警卫，她迅速调集府兵五万，并授权他们与禁军一同管制京城。同时，为了确保这些军队忠诚于自己，她又任命自己的亲眷为军队将领。

3. 政治优势。在当时，宰相班子的成员基本都是韦后的拥护者与支持者。

对于当时的李隆基而言，要铲除集舆论、军事、政治优势于一身的韦后，恢复李氏地位，实在是非常困难。所以他一直隐忍不发，直到后来时机成熟，他才一鼓作气地率兵推翻了韦氏政权。

从中宗驾崩到平定韦氏，李隆基仅仅用了十八天，足见其人是何等的胸怀大略。

1."背靠大树"

韦氏势大，李隆基单凭个人力量很难与其抗衡，于是他选择了联合姑姑太平公主。太平公主自幼深受武则天喜爱，很早便参与政事，并在中宗复辟之时立有大功，在当时是非常有权势的人物。其人虽然有野心，亦曾与韦后相近，但毕竟是李唐宗室，韦后乱唐，终致二人失和。李隆基探知，与太平公主之子薛崇简相谋共同举事，实则是为了取得姑母及其党羽的支持，这一招走得不动声色，堪称高明。

2. 闪电出击

当李隆基得知韦后欲诛杀李氏宗亲以后，为了不使自己被政敌消灭，同时也为了打对方个措手不及，李隆基迅速发动了兵变。正应了"兵贵神速"那句话，李隆基以迅雷不及掩耳之势，剿灭了韦后及其党羽。

3. 临危不乱

李隆基的兵变并不是非常顺利，期间有与谋者的犹疑，亦有关键人物的临阵退缩。但李隆基并未因此自乱阵脚，他面不改色，慷慨陈词，又动用计策稳住局面，才使得自己的计划没有功败垂成。

4. 果敢决断

发动兵变之前，有人曾提醒李隆基告知相王，但李隆基对父亲了解甚深，深知他那前怕狼后怕虎的软弱个性，很难在这种风险极大的事情上做决断。而此时此刻，哪怕是一瞬间的犹疑，都有可能导致整个家族的灭亡。于是他决定"赴君父之急，事成福归于宗社，不成身死于忠孝"。

也正得益于他的沉稳、果敢与干练，李唐宗室避免了一场灾难，并逐渐走向稳定，最终达到了封建王朝的巅峰。

【谈古论今】

只知道忍耐的是懦夫，只知道发怒的是莽夫，能够忍之越深发之越远的才是智者，厚积薄发，一击即中，这才是柔忍处世的英才。其实，很多成就大事的人都经历过这样的阶段。

赵匡胤——拆合有道，拔除隐患

在中国古代世袭制"家天下"的背景下，对于那些劳苦功高、手握重兵、威信益广的功臣，皇帝们俨然是不放心的。且不论他们日后是否会造反，为保江山永固，最保险的办法就是将其诛杀殆尽。即人们常说的"狡兔死，走狗烹；飞鸟尽，良弓藏"。

是故，历代皇帝为了巩固子孙的统治地位，诛杀功臣似乎也就不可避免，其区别只在于多杀、少杀、早杀、晚杀而已。纵观历史长河，不杀功臣的皇帝似乎只有两人，一个是汉光武帝刘秀，一个便是宋太祖赵匡胤。相对来说，后者则更为出名，尤其是他"杯酒释兵权"这一段逸事，虽后世评论不一，但总体上说，还是以赞赏为主。因为他既为自己及子孙铲除了隐患，罢黜重将兵权；又留下功臣性命，厚待重赏成全了自己仁义之君的好名声。

【史事风云】

五代乱世，谁拥有实力最强盛的兵力，谁就可以当皇帝。其中禁军的向背，往往成为政权兴亡的决定性因素。后唐明宗李嗣源、末帝李从珂，后周太祖郭威都是由于得到禁军的拥戴登上皇位的。宋太祖即位前，曾协助郭威夺取政要，后来由于战功卓著，军职步步高升，直至被任命为殿前都点检，掌握了禁军最高指挥权。他利用自己的威信和所处的优越位置，轻而易举地取代了后周政权，当上了宋王朝的开国皇帝。"兴亡以兵"，对于宋太祖而言，算是亲身体验了一番。宋太祖不愧为义气之辈，即位后不久，为了酬谢部下的拥戴之功，特地晋升了一批亲信为禁军副都指挥使，高怀德为义成节度使、殿前副都点检，张令铎为镇安节度使、马步军都虞侯，王审琦为泰宁节度使、殿前都指挥使，张光翰为宁江节度使、马军都指挥使，赵彦徽为武信节度使、步军都指挥使。

但宋太祖是个明白人，这些手握重兵的高级将领终究是自己皇位的潜在威胁。太祖即位之初的一段时间里，只要听说节度使尤其是边镇节度使有"谋反"的迹象，他都要派人前往侦察，探听虚实，看是否真有谋反迹象，以便采取措施。这从一个侧面表明宋太祖对手握兵权的武将很不放心。

事实上，宋太祖在赏赐这些将帅拥戴之功的同时，就已逐步采取措施抑制他们权欲的过分膨胀，重要军职频繁换人，并借机罢黜一些将领的兵权。平定李筠叛乱后，命令韩重代替张光翰为侍卫马军都指挥使，罗彦代替赵彦徽为侍卫步军都指挥使。第二年，殿前都点检、镇宁节度使慕容延钊罢为山南东道节度使，侍卫亲军马步军都指挥使韩令坤罢为成德节度使。侍卫亲军马步军都指挥使由石守信兼任，太祖自己担任过的殿前都点检从此不再改授，这个职位等于自行消亡。实施这些军职的人事变动，意在安排自己的心腹和亲信担任最重要的职位，像韩重、石守信是太祖义社十兄弟的成员。不过，对宋太祖来说，军权都掌握在自己的心腹和亲信手里，是不是就算高枕无忧了呢？或许宋太祖是这样盘算的。

赵普作为太祖的股肱大臣，却不这样认为。

赵普思考问题更深入更透彻。宋太祖之所以转瞬之间夺取了政权，靠的正是自己一帮亲信兄弟的拥戴。登上皇帝宝座的宋太祖一方面不能亏待了这帮兄弟，另一方面也不能不时刻提防着他们。怎样安排，才能既使他们心悦诚服地拥护太祖加强集权，又不至于引起怀疑而发生意外和变乱呢？赵普曾一再就这些问题提醒宋太祖，建议采取必要措施解决这些问题，以免重蹈前代"兴亡以兵"的覆辙。

一开始，颇重义气的宋太祖一直认为掌管禁军的功臣宿将如石守信、王审琦等人不会威胁自己的统治。所以赵普多次建议将石守信、王审琦等人调离禁军，改授其他官职，宋太祖始终没有同意。他向赵普解释说："石守信、王审琦这些人一定不会背叛我，你不必多虑了！"

这次，赵普再也沉不住气了，他就此话题开导宋太祖说："我的意思并不是害怕他们本人会背叛你。然而，我仔细观察过，这几个人都缺乏统御部下的才能，恐怕不能有力地制服所率军队，万一他们手下的士兵作乱生事，率意拥立，那时候就由不得他们自己了。"

经赵普这样直接的点拨和提醒，宋太祖终于联想起五代以兵权夺取天下的事例，尤其是不久前自己亲身经历的那场"陈桥兵变"，从而逐渐意识到这个问题的严重性，解除禁军统帅的兵权不能再拖延下去了。

这年七月初的一天，宋太祖如同往常一样，召来石守信、王审琦等高级将领聚会饮酒。酒酣耳热之际，宋太祖打发走侍从人员，无限深情地对功臣宿将们说："我如果没有诸位的竭力拥戴，决不会有今天。对于你们的功德，我一辈子也不能忘记。"

说到这儿，宋太祖口气一转，感慨万端，说："然而做天子也太艰难了，真不如做个节度使快乐，我长年累月夜里都不能安安稳稳睡觉啊！"

平常少有隔阂的石守信等人听了太祖这番开场白后，丈二和尚摸不着头脑,不明白宋太祖的真实意图,就问:"陛下遇到什么难事睡不好觉呢?"

宋太祖平静地回答说:"其实个中缘由不难知晓,你们想想看,天子这个宝座,谁不想坐一坐呢?"

石守信等人听到昔日的义社兄弟、今日的天子说出这番话来,不禁惶恐万分,冒出一身冷汗,宴会的气氛立即紧张起来,他们赶紧叩头说:"陛下怎么说出这样的话呢?如今天命已定,谁还敢再有异心!"

宋太祖接过话头说:"不能这样看,诸位虽然没有异心,然而你们的部下如果出现一些贪图富贵的人,一旦把黄袍加盖在你们身上,你们虽然不想做皇帝,办得到吗?"

与会将领这才转过弯来,终于明白了宋太祖的真实意图,于是一边大哭,一边叩头跪拜,说:"我们大家愚笨,没有想到这一层上来,请陛下可怜我们,给我们指出一条生路。"

宋太祖见状,知道时机成熟,趁势说出了自己经过深思熟虑的想法:"人生短暂,转瞬即逝,就像白驹过隙,那些梦想大富大贵的人,不过是想多积累些金钱,供自己吃喝玩乐,好好享受一番,并使子孙们过上好日子,不至于因缺乏物什而陷入贫穷。诸位何不放弃兵权,到地方上去当个大官,挑选好的田地和房屋买下来,为子孙后代留下一份永远不可动摇的基业,再多多置弄一些歌儿舞女,天天饮酒欢乐,与之一起愉快地欢度晚年。到那时候,我再同诸位结成儿女亲家,君臣之间互不猜疑,上下相安,这样不是很好吗?"

石守信等人听太祖这样一说,惊慌恐惧之态逐渐消失,感恩戴德之情油然而生,于是再次叩头拜谢说:"陛下为我们考虑得如此周全,真可谓生死之情,骨肉之亲啊!"

第二天,石守信等功臣宿将,纷纷上书称身体患病,不适宜领兵作战,请求解除军权。宋太祖十分高兴,立即同意他们的请求,解除了他们统率禁军的权力，同时赏赐给他们大量金银财宝。命令侍卫马步军都指挥使、归德节度使石守信为天平节度使，殿前副都点检、忠武节度使高怀德为归德节度使，殿前都指挥使、义成节度使王审琦为忠正节度使，侍卫都虞侯、镇安节度使张令铎为镇宁节度使。这些功臣宿将都罢黜了军职，只剩下一个徒有虚名的荣誉头衔——节度使。

宋太祖在赵普的谋划下实施的这一成功解除功臣宿将统率禁军权力的事件，史家称之为"杯酒释兵权"。

【人物探究】

有人说，鱼的特点是游性十足，轻松穿梭，四处闲适。所以大思想家庄子在与友人讨论"知濠梁之鱼"时得出的著名结论是："人活在世上应当知鱼之乐。"的确，鱼与人生活在两个世界中，鱼是没有烦恼的，而人却被无数烦恼所困，非常劳累，想得太多活得艰辛。如果作个比喻：凡是鱼都想游到水底去，而人呢？人都想"游"到人堆中去，人的中心去。这是有天壤之别的两种方式。赵匡胤不是一条鱼，但是也带有"游"到人堆中去、人的中心去的欲望，所以尽可能练好功夫，四处观察，找准入口，去完成自己的游世计划。令人惊奇的是赵匡胤的"游法"非常独特，既可一直沿着自己认准的方向而去，也可绕个圈迂回曲折。

1. 糊涂策略

赵匡胤借酒装醉，道出心中顾虑，以和平的方式让将领交出兵权，这种方法是下属在感情上能够接受的，既有利于安定人心，巩固统治秩序，又有利于进一步强化军权的集中，推进军事改革的深入。否则，这些将领就不会轻而易举交出兵权，那样可能导致流血冲突。

2. 和亲策略

赵匡胤许诺与功臣宿将结为亲家，且遵守了的诺言。在"杯酒释兵权"之前，太祖寡居在家的妹妹秦国大长公主（燕国长公主）嫁给了忠武节度使高怀德。后来又把女儿嫁给石守信和王审琦的儿子。张令铎的女儿则嫁给太祖三弟赵光美。

与功臣宿将结为亲家，一方面显示彼此亲密无间，另一方面隐藏着同舟共济的美愿。赵匡胤这样做，显然是出于政治因素的考虑，这种政治婚姻有利于新建立的宋政权迅速趋于稳定。

3. 兵将分离策略

在解除石守信等人兵权以后，赵匡胤先是撤除了一些重要军职，而后又提拔一些资历粗浅者分管军务。如此一来，将无威信，难以一呼百应，对于政权的威胁自然大大减轻。

另一方面，赵匡胤不设置侍卫亲军司正、副将领职位，又不任命兼任统帅，于是侍卫亲军司逐渐分裂为侍卫马军司和侍卫步军司，加上殿前司，合称"三司"，又称"三衙"。殿前司设殿前都指挥使，侍卫马军司设侍卫马军都指挥使，侍卫步军司统帅，即所谓的"三帅"。禁军由三衙的三帅分别统率，互不隶属。这样总领禁军的全部权力就集中到皇帝一人手中。三衙鼎立改变了过去由禁军将领一人统率各军的体制，先把兵权分散，而后再集中于皇帝。这种由分散到集中的军事体制，保证了皇帝对军队的绝对领导权。

再者，赵匡胤一般不会让禁军将领长久担任某一个职务，而是经常加以调换。士兵实行"更戍法"，经常变动驻屯地点，每隔三年或二年甚至半年就更换一次。这时将领却不随之更换，从而使兵无常帅，帅无常兵。各军在营时间少，新旧更出迭入，移防士兵不绝于道，成为宋朝生活中一大景观。这种更戍法一则可以使士兵均劳逸，知艰难，识战斗，习山川，使士兵不至于骄纵懒惰；二则更出迭入，士兵少有顾恋家室之意，到新环境里驻防，不易萌生非分之想，而等到刚刚熟悉环境，理顺了上下人际关系，又得更戍其他地方。这样将领"不得专其兵"。

这一点恐怕是宋太祖创设更戍法的苦心和深意所在。

宋太祖采取这样的措施分散禁军的兵权，从体制上断绝了唐末五代那种将领和士兵长期结合而形成的"亲党胶固"的关系，有效防止了武将发动兵变的可能性。无论是将领个人，还是有关部门，都不可能拥兵自重，都不可能凭军权对皇权构成威胁。

【谈古论今】

最高明的生存策略，莫过于让人看不见锋芒却能显威力。当我们感到受到威胁时，有时亦可效仿赵匡胤，采用拆合、怀柔之策，不动声色地分化对方势力，又不致引起大冲突，既摆脱自身的危险，又不与人交恶，何乐而不为呢？

朱元璋——因人制策，相机行事

朱元璋有"乞丐皇帝"之称。他出生在一个贫苦的农民家庭，幼年时曾给人家放过牛，并结识了徐达、汤和、周德兴等人。1343 年，濠州一场瘟疫，夺走了他大部分亲人的性命。为求生存，他被迫与仅存的二哥、大嫂、侄儿分开，各自逃生。后来，他来到了皇觉寺，做起行脚僧。

及至此时，朱元璋的人生可谓受尽苦难、颠沛流离，是时，谁又能想到这样一个落魄之人会君临天下呢？农民起义爆发后，朱元璋作出了影响其一生的抉择——投奔气势如虹的起义军。他从军队底层做起，逐渐建立起威信，拥有了个人军队。身边聚集了一群卓越的文臣武将（徐达、刘基、常遇春、李善长等）。此后，朱元璋南征北讨，一面与元朝军队作战、一面与各种豪杰逐鹿中原。其中，对朱元璋威胁最大的莫过于陈友谅和张士诚。但没有受过多少教育的朱元璋硬是凭着过人的谋略以及手下能人的辅佐，将敌对势力一一消灭，成就了大明江山的版图，成为中国历史上又一位出身卑微的开国皇帝。

在此，我们单从朱元璋应对张、陈二人的策略上，去领略他过人的生存谋略。

【史事风云】

元末，刘福通领导红巾军北伐，元军主力无法南顾，处于长江中下游的各路起义军都趁机扩大自己的地盘，从而逐步形成朱元璋、陈友谅、张士诚三大势力。经过红巾军起义的打击，元朝主力已严重削弱。战争已由推翻元朝统治转为群雄逐鹿，争夺新的统治权。占领的地盘越大，则兵源、粮草就越丰裕。谁的实力雄厚，谁就有成为新王朝统治者的可能。

朱元璋正是顺应了这一历史潮流才完成帝业的。

1356年3月，朱元璋攻占应天，占领两浙，建立并巩固了以应天为中心的江南根据地，兵精粮足，人才济济，实力大增，和周边其他割据政权的矛盾日益尖锐。

此时，其东北有张士诚，西面有陈友谅，东南有方国珍、陈友定。很显然，如不尽快消除这些敌对势力，就无法继续发展进而统一全国。在众多割据势力中，张士诚最富，陈友谅最强。但张士诚狡而懦，陈友谅剽而轻。因此，许多将领都建议先除掉懦弱的张士诚再攻打陈友谅，唯独刘基却对此持不同意见。

刘伯温认为：

凡是作战中，所说的防守，是了解自己的结果。知道自己没有作战获胜的可能，那么我军就应该稳固防守，等待敌军出现破绽劣势的时候，再出击打败它，这样就没有不获胜的道理。兵法上说：知道作战不能获胜就应该全力防守。

战争中的守绝非单纯意义上的被动防守，守的目的在于等待进攻之敌出现疏漏，而后乘机一击，反客为主。孙子在《孙子兵法·军形篇》中写道："不可胜者，守也；……善守者，藏于九地之下；……故能自保而全胜也。"说的是硬打不能取胜的，就要防守严密。善于防守的人，隐蔽自己的兵力如同深藏于极深的地下，只有这样，既能够保全自己，而又能夺取胜利。战争中的攻守转换，瞬息万变，顺则攻，逆则守，关键在于能否取得最终的胜利。刘伯温总结出知彼则攻，知己则守，是把《孙子兵法》又向纵深推进了一步，把攻守上升到知战的境界之上，充分表现出守战在战争中的重要地位。这种攻守思想对朱元璋夺取天下起了很大的作用。

朱元璋认真听取了刘基的意见，与群臣冷静地分析了竞争对手的情况，制定对策。他们认为：陈友谅傲气十足，张士诚气量狭小；傲气十足的人好生事，气量狭小的人没有远大抱负。假如先攻张士诚，那么，张军就会顽强坚守，东面的陈友谅必然倾全国之兵，围攻过来，使我军处于腹背受敌的艰难境地。反之，先攻陈友谅，气量狭小、无大志向的张士诚肯定拥兵自保，静观其变。陈友谅孤立无援，必败无疑。陈友谅兵败，张士诚则成为囊中之物，伸手可得。

从这种分析出发，朱元璋首先与陈友谅在鄱阳湖摆开战场，张士诚果然袖手旁观。朱元璋以全力对付陈友谅，获得全胜。之后，朱元璋又发兵打败了张士诚，从此再也没有能与之抗衡的力量。朱元璋乘胜进军，向元统治中心大都进发，推翻元朝，建立明朝。

【人物探究】

朱元璋出身贫苦，没什么"学历"，为生活所迫给人放过牛、要过饭、当过和尚，可谓穷困潦倒至极。就是这样的一个人，他凭什么能够君临天下？

从历史资料来看，朱元璋其人最为人称道的优点主要有两点。

1. 能够虚心纳谏。明朝建立以前，朱元璋对于下属还是比较"礼待"的。他重用刘基，又收拢了一帮善战武将，这些"能人"每有合理的建议提出，他多是能够认真分析、虚心接纳的。譬如，朱元璋率军打下徽州以后，听取老儒的"高筑墙，广积粮，缓称王"建议，朱元璋便压制住自己称王的强烈欲望，命令军队自己动手生产，兴修水利，减轻农民负担，因而使得部队兵强粮足。这一点，也从侧面反映出他深谙怀柔策略，懂得因众制策，收服民心的高超智慧。

2. 因人制策，相机行事。这一点在上述的历史故事中已然有所体现。朱元璋深知陈友谅、张士诚的性格及其弱点，并能够根据二人的缺陷制定相应的作战策略。所以才能抓住时机，将其各个击破，成就了自己名载青史的宏图伟业。

纵观历史长河，历代兵家对因人制宜的研究最为到家。兵家所说"怒而挠之"、"亲而离之"、"卑而骄之"就是一个证明："怒而挠之"，如果敌将性格暴躁，就故意挑逗、辱骂使之发怒，使之情绪受到扰乱不能理智地分析问题，盲目用兵，暴露破绽，进而相机歼灭；"亲而离之"，如果敌军上下亲密无间，情同手足，团结一心，那么，就要利用或制造矛盾，进行离间，使之离心离德，分崩离析，从组织上削弱敌人；"卑而骄之"，如果敌将力量强大，且骄傲轻敌，可以用恭维的言辞和丰厚的礼物示敌以弱，助长其骄傲情绪，等其弱点暴露以后，再出其不意地攻打他。

这就是所谓的"知己知彼"。知己知彼的目的，在于胜彼，战胜竞争对手。为此，在知己知彼的基础上，就要根据对手的特点，因势利导，相机行事，即因人制宜。这一点，朱元璋做得很好。

【谈古论今】

诚然，兵家的因人制宜之术，在其他社会竞争领域未必是全部适用的。但其冷静理智的处事精神，还是普遍通用的。无论在哪一个社会竞争领域，都应该依据竞争对手的心理特点，知己知彼，相机行事。

朱棣——恩威并施，攻守互换

一直以来，世人对于明成祖朱棣的印象似乎欠佳，这大概是因为他起兵靖难，夺取了自己亲侄儿——朱允炆的江山。其实，设身处地地想一想，当时明惠帝朱允炆大举削藩，矛头直指燕王朱棣，倘若燕王坐以待毙，其结局还真的不得而知。

或许因为有了这一"污点"，世人对于朱棣功绩的评价并不多。其实，朱棣也称得上是一位很有作为的皇帝。明成祖的性格与朱元璋颇有几分相似，而且他的文治武功亦都不逊于父亲。

朱元璋虽然一统山河，使社会趋于稳定，令经济得到了恢复和发展，但他"雄猜好杀"，屡屡兴起大狱，动辄杀戮，搞得政治气氛非常凝重，文武大臣人人自危。随后，明朝又经历了长达四年"靖难之役"，大明江山首次出现了危机局面，政治上亟待一位有魄力的君主大力整治。

朱棣能够在因"暴政"、"战乱"引发的混乱局面下，恢复清明，巩固自己的统治地位，开创明初盛世，足见他的雄才伟略。

【史事风云】

明太祖治理南方地区，虽有武功以定天下，文德以化远人和四海一定，以德化为本的思想，做了许多文治的工作，但晚年失之于急躁，如在鄂西急于废土司，留下了不少问题。成祖即位后，在首重北边的前提下，也解决了一些南方的治理问题。

沐氏镇云南，开始于洪武时沐英、沐春父子。沐春死后，其弟沐晟继续镇守云南。沐晟与封在昆明的岷王不和，成祖了解此矛盾后，徙封了岷王。沐晟请加兵讨车里（云南南部以景洪为中心的大片地方），成祖多次下敕文责沐晟政事烦扰，号令纷更，要求沐晟怀柔车里，不可轻易兴兵，注意云南民族地区的安定。

洪武时期，由于贵州的水西女土司奢香向往中原文化和太祖对贵州的招抚政策得当，奢香"开赤水之道，通龙场之驿"，贵州与外界的联系加强。成祖即位后，命熟悉贵州情况的大将镇远侯顾成守贵州。因顾成是一介武夫，成祖一再告诫他不可穷兵黩武，喜功好事，而应该老成持重，顺情而治。后因贵州思州、思南二田姓土司互相仇杀，禁之不止，成祖乃密令顾成携精干将校潜入，将二田姓土司擒拿，贵州改土归流的条件成熟。于是在永乐十一年（1413年）设置了贵州布政司，从此贵州作为一个省区成为明朝的组成部分。

镇守广西的韩观是行伍出身，因军功出任广西都指挥使多年。靖难期间，建文帝调韩观练兵德州，用以对付燕师。成祖即位后，丝毫不计较韩观的这段经历，仍任用韩观镇守广西，佩征南将军印节制广东、广西两个都司。韩观性凶狠、嗜杀，成祖赐玺书告诫韩观，强调以德抚广西，"杀之愈多愈不治"，"宜务德为本，毋专杀戮"。韩观却自恃老于桂事，陈兵耀威，号称"威震南中"。由于韩观抚用兵乏术，务德无方，杀戮太过，颇违成祖德化之意。但也应看到，在韩观镇守广西期间，广西境内较为安定，这客观上有利于广西经济的发展。

至于被太祖晚年因急躁处理而遗留的若干南方交通不便地区的民族问题，成祖均给以补救，在那些地方恢复土司设置，使之与朝廷关系正常化。如设置贵州西部的普安安抚司，恢复因吴面儿反抗而废去的古州、五开为中心湘黔交界处的湖耳等14个蛮夷长官司和鄂西、思州、九溪等土司。

上述事为明成祖恩威并用，攻守转换之一，还有一例：

明朝洪武、永乐年间，社会经济恢复发展，造船工业规模扩大，分工细密，技术高超，传统的航海知识和经济大量积累，这些都为郑和远航提供了良好的条件。中国的丝绸、瓷器受到海外诸国青睐，海外的染料、香料、珠宝等又为中国所需求，这给了郑和下西洋发展海外贸易以有效的刺激。

永乐三年（1405年），一支15世纪全世界无与伦比的庞大舰队，乘着强劲的东北季候风，浩浩荡荡离开了中国的东海岸，率先驶向了浩瀚的太平洋，这就是明成祖派出的郑和第一次下西洋。

【人物探究】

人们至今对郑和下西洋的目的猜测纷纭，或者说是毫无经济目的纯而又纯的政治大游行；或者说是国内经济发展的需要；或者说是为了寻找政敌，即不知所终的建文帝；或者说因为夺嫡"篡位"，国内人心不附，故锐意通商海外，召至万国来朝从而促进其在国内统治地位的稳固。

但是这全面体现了明成祖在更大范围内攻守转换。

总之，明成祖攻守转换之计是以心中之数为基础的，表现在以下几方面。

1. 治内防外

明成祖朱棣是明朝的第三代君主。明朝江山虽然有明太祖朱元璋励精图治，但依然满目疮痍，经济尚未复苏，统治集团内部危机四伏，边疆民族动乱时有发生，等等，所有这些，对明成祖都是一个严峻的考验。事实证明，明成祖不愧为一代名君，他迅速地操纵了明初的残局，并且屡屡推出重大举措，如修万里长城、委派郑和下西洋等，均在历史上留下深远的影响。

2. 用人做事

如果深入考察明成祖的攻守转换智慧和方略，不难看出明成祖有一个最突出的特点，也就是看准大才的力量，也盯准小人的伎俩，把"大才"与"小人"区分开来。明成祖深知操纵攻守转换需要大才，因此千方百计寻找大才，并对大才委以重任，从而最大限度地发挥了关键人才和重要人才的作用。

在为人处世的过程中，如何才能让人心服口服呢？其绝招何在？不同的人有不同的答案，但有一点是可以肯定的。就是必须要有解决问题的眼光和能力，把攻守转换发挥到淋漓尽致的程度，让可用的人真心产生佩服感。而这，正是朱棣开明政治，巩固统治的高明手段。

【谈古论今】

很多人对于"心中有数"这个词只知其表，而不知其里，它实则是一个人成大事的基础，是攻守转换之始。通过明成祖之例，可以发现想大事、成大事都必须有心数在身、有招术在手。恩威并施者往往可获大胜。明成祖朱棣虽然以武力起家，但他更重视用道德教化来稳固统治，他主张恩威并施，使人心服口服，从而获得大胜局面。

爱新觉罗·胤禛——不争为争，以退为进

一直以来，人们对雍正皇帝褒贬不一，有人认为他残害兄弟，阴险、残暴、狡诈到了极点，有人则认为他勤于政业，体恤民情，是一位难得的有道之君，若没有他便难有后来的乾隆盛世。且不论历史评价如何，可以肯定的是，雍正的情商是极高的。在清初矛盾错综复杂的环境中，他能够巧妙地周旋于父子兄弟之间，不但保得了自身周全，又不动声色、不露痕迹地逐一击败对手，最终赢得了天下，足见其卓尔不群的一面。

就当时的情况来说，对于皇位的竞争是异常惨烈的。以皇长子胤禔为首的"大千岁党"、以皇太子胤礽为首的"太子党"、以八阿哥胤禩为首的"八爷党"均对皇储之位虎视眈眈。胤禛最初只是"太子党"中的一员，与皇十三子胤祥共为胤礽的左膀右臂。论势力他不及广交朝臣的皇八子胤禩，论受宠程度，他因"喜怒不定"，又母亲乌雅氏德妃生他时只是一名宫女，远不及子凭母贵、集万千宠爱与一身的太子胤礽。那么，胤禛又何以在险滩密布、步步暗礁的储位之争中保住自己，最终脱颖而出、君临天下呢？其原因就在于，胤禛深谙韬晦之邃，深藏争权之心，以不争为争、以退为进，最终得到了康熙皇帝的青睐，得以得偿所愿，继承大统。

【史事风云】

康熙十四年（1675年），清朝在全国的统治很不稳定，康熙为巩固

清朝政权，安定人心，改变清朝不立储君的习惯，把他的第二个儿子胤礽立为皇太子。

作为皇太子的胤礽，为保住自己的地位，他希望康熙帝能早日归天，自己尽快登上皇帝的宝座。为此，他与正黄旗侍卫内大臣索额图结成党羽，进行了抢班夺权的种种活动。这些都被康熙帝发现，康熙下旨杀了索额图。没想到胤礽更加猖狂，不得已，康熙于康熙四十七年（1708年）九月，废除胤礽的皇太子头衔。

皇子们见太子已废，争夺皇储的斗争更加激烈。他们通过各种渠道探听康熙的意图，打发皇亲国戚到康熙面前为自己评功摆好，搞得康熙"昼夜戒慎不宁"。没有办法，康熙在废掉太子后的第二年三月又复立胤礽为皇太子，好让诸皇子死了争夺太子的野心。

在皇太子废立过程中，诸皇子们使出浑身解数，最成功的是皇四子胤禛。在诸皇子的明争暗斗中，胤禛采用的就是不争而争之策。

皇太子被废之后，胤禛没像其他众皇子一样，落井下石，而是采取维持旧太子地位的态度，对胤礽表示关切，仗义直陈，努力疏通皇帝和废太子的感情。他明白康熙希望他们情同手足，不愿意看到皇子们反目成仇。

对康熙的身体，胤禛也最为关心体贴。康熙因胤礽不争气和皇子们争夺储位，一怒之下生了重病。只有胤禛和胤祉二人前来力劝康熙就医，又请求由他们来择医护理。此举也深得康熙的好感。

诸皇子中夺位最力的是胤禩。胤禛同胤禩也保持着某种联系，其实他心里不愿意胤禩得势，但行动上绝不表现出来，表面上看胤禩当太子，他既不反对也不支持，让人感觉他置身事外一般。

对其他皇兄，胤禛也在康熙面前多说好话，或在需要时给予支持，康熙评价他是"为诸阿哥陈奏之事甚多"。当胤禧、胤穗、胤梅被封为贝子时，胤禛启奏道，都是亲兄弟，他们爵位低，愿意降低自己世爵，以提高他们，使兄弟们的地位相当。

在众皇子为争夺皇太子之位闹得不可开交时，胤禛却似乎悠闲于局外，没有明火执仗地参与其中，而且还替众兄弟仗义执言，这些都被康熙看在眼中，特传谕旨表彰：

前拘禁胤礽时，并无一人为之陈奏，惟四阿哥性量过人，深知大义，屡在朕前为胤礽保奏，似此居心行事，真是伟人。

胤禛在这场诸皇子争夺皇太子之争中，不显山、不露水，以不争之争的斗争策略取得了成功。一方面胤禛赢得了康熙的信任，抬高了自己的地位，密切了和康熙的私人感情。康熙一高兴，把离畅春园很近的园苑赐给了胤禛，这就是后世享有盛名的圆明园，康熙秋猎热河，建避暑山庄，将其近侧的狮子园也赏给胤禛。

另一方面，胤禛在争夺储位的诸皇子之争中，使其他皇子们认为他实力不够，对他不以为意，不集中力量对付他，使他有机会发展自己的势力。笼络了年羹尧、邬思道、戴铎等一班谋士武将，实力大增。

结果，康熙在病重之际，把权力交给了胤禛，胤禛后来居上，脱颖而出成为雍正皇帝。

【人物探究】

雍正的不争，并不是什么也不争，而是弃其小者，争其大者；弃其近者，争其远者。所以，不争是相对的，争则是绝对的。所谓"不争"，是指小处不争，小名不争，小利不争；倘若是大处、大名、大利，也许就另当别论了。

从"九王夺嫡"这一历史事件中，我们大致可以看出雍正在"不争而争"的过程中，主要运用了以下策略：

1. 克制自己

康熙评价雍正"喜怒无常，脾气暴躁"，很显然，这不是赞扬之词，而是父亲对于儿子的一种批评。雍正知道，若想得到父亲的进一步信任，首先就要改掉自己的毛病。于是，他一直克制自己，"潜心礼佛"，从而使康熙对他有了极大的改观。

2. 反其道行之

太子首度被废，众阿哥纷纷落井下石，唯有雍正反其道而行之，努力疏通废太子与康熙的感情。于是，康熙对雍正颇为赞赏——惟四阿哥性量过人，深知大义，屡在朕前为胤礽保奏，似此居心行事，真是伟人。

3. 示敌以弱

雍正一直给对手一个假象——自己起初只是太子的一名拥护者，而后不过是一个旁观者，因为实力相差悬殊，根本无法参与皇储之位的争夺。从而使对手放松对他的警惕。而另一方面，他则在培植自己的党羽，十三阿哥、隆科多、年羹尧、戴铎都在雍正登基的过程中，起着举足轻重的作用。

有人以诗描绘农家插秧时的情景——"手把青秧插满田，低头便见水中天；身心清净方为道，退步原来是向前。"剖其深意，这俨然是对雍正"以退为进"这一策略的妙笔诠释。

【谈古论今】

"不争"似乎有悖进化规律，然而其背后有更深层的道理。"争与不争"的辩证法，透露着一个天机：不争而争、无为而无不为、不争而善胜，乃是人类社会进化的公理。表面谦退、与世无争，实则静观其变，以静制动，这正是雍正的过人之处。

韬略智臣

> 伴君如伴虎！君王不容违逆，喜怒无常；同僚钩心斗角，虎视眈眈。身在朝堂之上，可谓时时与危险相伴。心系社稷、人民的国之柱石们，倘若不懂得一点韬略，不能巧妙周旋于君臣之间，又何以济世、何以保身呢？

张良——退居二线，明哲保身

张良少年时颇具侠义心肠，他为报灭韩之仇，敢请刺客刺杀虎踞天下的秦始皇，还敢藏匿杀了人的项伯。再后来，张良"运筹帷幄之中，决胜千里之外"，与萧何、韩信一起辅佐刘邦推翻秦朝，剪灭强楚，平定天下，可谓算无遗策，智谋绝世。为汉王朝的建立立下了汗马功劳。

这位传奇人物在西汉建立以后，亦面临着与萧何同样的尴尬——如何与疑心重的刘邦相处？二人都选择了明哲保身，不同的是，一个选择了自污避祸，另一个则选择了退居二线。

司马迁评价张良说：夫生之有死，譬犹夜旦之必然；自古及今，固未尝有超然而独存者也。以子房之明辨达理，足以知神仙之为虚诡矣；然其欲从赤松子游者，其智可知也。夫功名之际，人臣之所难处。如高帝所称者，三杰而已。淮阳诛夷，萧何系狱，非以履盛满而不止耶！故子房托于神仙，遗弃人间，等功名于外物，置荣利而不顾，所谓明哲保身者，子房有焉。

【史事风云】

公元前201年，刘邦彻底打败诸侯势力，平定天下，开始论功行赏。因为张良主要是谋臣，没有战功，刘邦让他从齐国选3万户作为封邑。张良赶紧辞谢说："当初我在下邳起事时，跟陛下在留城相遇，此为天意成全我，把我交给陛下。以后陛下信任我，我的计策有时还很管用，所以把留地封给我，我就心满意足了，怎么敢要3万户？"刘邦再三劝封，张良坚辞不受，最后，刘邦只好接受了他的请求，封他为留侯。

当时，刘邦分封了20余名大臣，其他人日夜争名夺利，使刘邦左右为难，无法再封。张良则适得其反，不但不争功，而且封了还辞谢。

一天，刘邦在洛阳南宫里，从复道望见将领们三三两两地坐在沙地上交头接耳，窃窃私议，就问张良他们在议论什么。张良故作惊讶地说："难道陛下还不知道吗？他们在谋反呢！"

刘邦大吃一惊，问道："天下方定，他们为什么又要反叛呢？"

张良回答说："陛下出身平民，这些人跟随陛下夺取天下，就是为了封官晋爵。今天陛下贵为天子，被封赏的人都是您的老朋友，而仇人皆获罪。现在即使拿出整个天下也不够他们每人分一份。他们既担心得不到封赏，又害怕因为有什么过失被您杀掉，所以他们就纠合在一起预谋反叛。"

刘邦非常担忧地问："以卿之见，该怎么办？"

张良问："您平生最恨而又为大家所知道的人是谁呢？"

刘邦回答："雍齿和我以前有仇，曾经背叛过我，使我很难堪。我本想杀他，念他功劳不小，所以又不忍心这样做。"

张良说道："那您就赶快先封雍齿，大家见雍齿这样的人都被封了，也就都安心了。"

于是，刘邦召集群臣，大摆酒宴，当即将雍齿封为什方侯。果不出张良所料，宴毕，群臣议论说："像雍齿这样的人都能被封为侯，我们还用发愁吗？"

汉朝建立后，由于统治阶级内部争权夺利的斗争日益尖锐和激化，张良由于体弱多病，入关后身体越来越不好，所以他干脆"等功名于物外，置荣利于不顾"，闭门谢客，深居简出，深居在家颐养身体，修仙学道。他追随刘邦多年，明了其为人：只可与之共患难，而不可与之共荣华。他经常对人说："我家世代相韩，韩国被灭掉后，我不惜花费万金家财，为韩国报仇。刺杀秦始皇一事使天下震动。现在我以三寸不烂之舌辅佐皇帝，被封为万户侯，作为一个普通人，这已经是登峰造极了，我张良心满意足。我情愿屏弃人间之事，跟着仙人赤松子去游历天下。"

【人物探究】

张良的智谋，不仅表现在运筹帷幄上，更显现于在政治旋涡中进退自如的潇洒状态。

1. 拒封辞赏

猛将谋士追随其主征战沙场，角逐天下，多是希望在平定天下以后能够"一人得道鸡犬升天"，获得主子的封赏，且越多越能显示出自己的地位。张良则不然，他知道，获得的封赏越多，威信越大，日后受到的猜疑就会越重。所以，他力辞刘邦的封赏，只做个有名无权的留侯，此举大大减轻了刘邦对他的顾虑。

2. 托病"从赤松子游"

他看透了帝业成功之后君臣之间的"难处"，故而以"虚诡"逃脱残酷的现实，欲以退让来避免不断重复的历史悲剧。事实上也确实如此。汉初三杰之中，韩信最终被诛，而萧何亦曾被囚，唯有张良，始终身处能进能退、有荣无辱的潇洒状态中，这显然与他自动退隐的选择大有关系。

有人说，张良此举是在逃避人生，其实不然。从他晚年为使汉朝免于宫廷内战，为保持社会稳定而帮助太子刘盈请出"商山四皓"的事例中即可见其是以一种更超然的方式来参与朝中大事的。这位早年在下邳向黄石公学习《太公兵法》的隐者，深深明白"达士知处阴敛翼，而岩晦亦是坦途"的道理，亦懂得"谢事当谢于正盛之时"才是"天之道"。

【谈古论今】

能功成名就者肯定都是聪明人，但能激流勇退者却不仅仅是聪明人就能做到的。因为"由俭入奢易，由奢入俭难"。激流勇退，放弃的只是一些名利等身外之物，于人于己皆无损，而得到的却是超然人品，自然之心，于人于己皆有益，何乐而不为？

公孙弘——谨言慎行，取容当世

公孙弘，年轻时曾做过狱吏，获罪被免职，其后以养猪为生。他四十岁开始读春秋，后来，成为汉武帝当政时期的第一任丞相。

公孙弘活到80岁，在丞相位上去世。以后，李蔡、严青翟、赵周、石庆、公孙贺、刘屈氂相继成为丞相。因为言行不谨慎，这些人中只有石庆在丞相位上去世，其他人都遭到诛杀。

据统计，汉武帝时期，担任过丞相一职的共计12人。其中，只有5人幸运地被正常免职，而非正常死亡者则多达7人。当年武帝要任命公孙贺为相，公孙贺吓得顿首涕泣，极力推辞，后勉强接受相印，仍未逃脱被灭族的厄运。在这种政治环境下，公孙弘虽身居高位，却如履薄冰。

在公孙弘身上，有很多东西可以讨论，譬如大器晚成、二次公选的幸运儿等，但人们议论最多的，莫过于他在官场上的种种行为，有人甚至称其为"汉代溜须拍马、见风使舵的始祖"。其实,设身处地地想想,处在那种"君要臣死,臣不得不死"的年代,在汉武帝的高压政策下,这不过是公孙弘化解危机,保住性命的一种谋略。

【史事风云】

汉元光五年,信奉儒家学说的汉武帝征召天下有才能的读书人,年已70多岁的淄川人公孙弘的策文被汉武帝欣赏,提名为对策第一。汉武帝刚即位时也曾征召贤良文学士,那时公孙弘已60岁,以贤良征为博士。后来,他奉命出使匈奴,回来向汉武帝汇报情况,因与皇上意见不合,并在朝堂上起争执,引起皇上发怒,他只好称病回归故乡。这次他荣幸地获得对策第一,重新进入京都大门,就决定要吸取上次的教训,凡事必须保持低调。

从此,公孙弘上朝开会,从来没有发生过与皇上意见不一致时当廷分争的事情。凡事都顺着汉武帝的意思,由皇上自己拿主意,汉武帝认为他谨慎淳厚,又熟习文法和官场事务,一年不到,就提拔他为左内史。

有一次,公孙弘因事上朝奏报,他的意见和主爵都尉汲黯一致,两人商量好要坚持共同的主张。谁知当汉武帝升殿,邀集群臣议论时,公孙弘竟为迎合圣意放弃自己先前的主张,提出由皇上自己拿主意。汲黯顿时十分恼怒,当廷责问公孙弘说:"我听说齐国人大多狡诈而无情义,你开始时与我持一致意见,现在却背弃刚才的意见,岂不是太不忠诚了吗?"汉武帝问公孙弘说:"你有没有食言?"公孙弘谢罪说:"如果了解臣的为人,便会说臣忠诚;如果不了解臣的为人,便会说臣不忠诚!"汉武帝见他回答如此机巧而妥当十分满意。从那以后,左右幸臣每次诋毁公孙弘,皇上都宽厚地为他开脱,并在几年后提拔他为御史大夫。

公孙弘在皇上眼中是个谨慎淳厚的臣子,但有些大臣却认为他是个伪君子。有一次,主爵都尉汲黯听说公孙弘生活节俭,晚上睡觉盖的是布被，便入宫向汉武帝进言说："公孙弘居于三公之位，俸禄这么多，但是他睡觉盖布被，这是假装节俭，这样做岂不是为了欺世盗名吗？"汉武帝马上召见公孙弘，问他说："有没有盖布被之事？"公孙弘谢罪说："确有此事。我位居三公而盖布被，诚然是用欺诈手段来沽名钓誉。臣听说管仲担任齐国丞相时，市租都归于国库，齐国由此而称霸；到晏婴任齐景公的丞相时从来不吃肉，妾不穿丝帛做的衣服，齐国得到治理。今日臣虽然身居御史大夫之位，但睡觉却盖布被，这无非是说与小官吏没什么两样，怪不得汲黯颇有微议，说臣沽名钓誉。"汉武帝听公孙弘满口认错，更加觉得他是个凡事退让的谦谦君子，因此更加信任他。元狩五年，汉武帝免去薛泽的丞相之位，由公孙弘继任。汉朝通常都是列侯才能拜为丞相，而公孙弘却没有爵位，于是，皇上又下诏封他为平津侯。

【人物探究】

公孙弘两次进朝堂，第一次因为过于刚直，直言犯上，得罪汉武帝，不得不称病辞官。第二次他则吸取了教训，一入朝堂便谨言慎行，绝不廷争。他这种取容当世的做法可以说是不得已而为之，但在风云莫测的政治舞台上又绝对是明哲保身的不二法宝。

很显然，公孙弘屡次巧妙摆脱危机，仰仗的正是他高人一等的才智。

1. 不辩而明

面对汲黯指责他"欺世盗名"一事以及汉武帝的询问，公孙弘没有像常人一样极力为自己辩解，而是全部承认。因为他知道，无论自己如何辩解，别人都会先入为主地认为自己在"狡辩"。是故，他欲擒故纵，索性承认，这至少表明自己现在是"坦诚"的，由于这份坦诚，也就更容易得到武帝及同僚们的认可。同时，他又对指责自己的汲黯大加赞扬。如此一来，巧妙地给大家留下了这样的印象：公孙弘果然宰相肚里能撑船。既然武帝与同僚们有了这种观点，那么公孙弘更不用着急为自己辩解了，因为这与政治野心无关，对武帝、对同僚都构不成什么伤害，无伤大雅。

2. 察言观色

有了第一次的教训，二次入朝为官，公孙弘完全变了个样子，他不再直言硬谏，而是一切看汉武帝的脸色行事。他常与汲黯等一班同僚议事，达成一致意见以后再去上奏汉武帝。然而，到了朝堂上他总是让别人先说，自己则在一边观察汉武帝的脸色。如果汉武帝不高兴了，他便马上改口去逢迎汉武帝。所以，常出现"临阵反戈"之事，在大臣中的威望并不高，人缘也不怎么好。但偏偏就是能博得汉武帝的欣赏，只这一点就足以令他安枕无忧了。

公孙弘在位期间，并无多大建树，难得就是他能善始善终。

【谈古论今】

谨言慎行，取容当世，这不仅是一种作为人的文明表现，更是一种做人做事的智慧和策略。任何想要在生活中站得牢固，并且想拥有自己的一片天地的人，都应该也必须做到这一点。

徐茂公——圆于世故，言随境动

在众多描绘隋唐英雄的戏曲及影视作品中，徐茂公留给大家的印象多是诸葛亮一般羽扇纶巾的智慧人物。其实，他也有勇猛异常的一面。

《资治通鉴·唐纪十七》记载：年十二、三时为亡〈元〉赖贼，逢人则杀；十四、五为难当贼，有所不惬则杀人；十七、八为佳贼，临阵乃杀之；二十为大将，用兵以救人死。

也就是说，他追随翟让、李密占据瓦岗寨，扯起反隋大旗时，才十七八岁，是一位十足的少年英雄。

唐朝建立以后，徐茂公因功被赐国姓，又因避李世民的"世"的忌讳，改名李勣。按常理推论，这样一位征战沙场，少年成名的英雄，性格应该异常刚烈。但出人意料的是，随着年龄的增长，他却变得越来越圆滑、越来越世故。

【史事风云】

唐高宗李治想立武则天为皇后，这遭到了长孙无忌、褚遂良等一批元老大臣们的反对。一天，唐高宗又要召见他们商量此事，褚遂良说："今日召见我们，必定是为皇后废立之事，皇帝决心既然已经下定，要是反对，必有死罪，我既然受先帝的顾托，辅佐陛下，不拼死一争，还有什么面目见先帝于地下！"

徐茂公同长孙无忌、褚遂良一样，也是顾命大臣，但他看出此次入宫是凶多吉少，就借口有病躲开了。而褚遂良由于当面争辩，当场便遭到武则天的斥骂。

过了两天，徐茂公单独谒见唐高宗，唐高宗说："我想立武媚娘为后，但褚遂良坚持认为不行，他是顾命大臣，若是这样极力反对，此事也只好作罢了。"

徐茂公明白，自己如果反对此事，必然会遭到武则天的记恨，同时也会让唐高宗心存不满，但是如果公开表示赞成，又怕别的大臣议论，于是说："这是陛下的家事，何必再问外人呢？"

这句话回答得真是巧妙，既顺从了唐高宗的意思，又让其他大臣无懈可击。不久之后，武则天当上了皇后，而当初反对过她当皇后的长孙无忌、褚遂良等人都遭到了迫害，只有处世圆滑的徐茂公一直官运亨通。

【人物探究】

或许会有人看不起徐茂公，觉得他太虚伪、懦弱。那么，我们不妨从以下两个方面分析一下。

1. 历史的角度

通常，世人认为贞观之治全是李世民的功劳，实际上，唐朝真正最强盛的时期是在唐高宗和武则天时期。从贞观到开元，武则天统治，包括实际统治的40多年，是唐朝走向强盛的重要时期。武则天从当上皇后，到后来的称帝，虽然手段残忍，但对国家的发展其实没有多么不好的影响，只是古人都有偏见，认为女子不能当皇帝，而且还是"霸占"了李家王朝，但换个角度来想，李家的王朝不一样也是从别人手中抢过来的？

2. 做人处世的角度

徐茂公的确善于运用柔忍的处世策略，来让自己转危为安，明哲保身后才能有暇考虑其他。像褚良遂等人的"大义凛然"，在现在看来，或许多少是有些不识时务，同时从更深层次的政治角度去讲，他们的反对也是因为武则天当皇后会影响他们的权益。

所谓聪明人，自然知道"该文即文，该俗即俗"的道理，他们立身处世的一大哲学就是"到什么山上唱什么歌"。他们会根据不同对象采取不同的言语方式，因而很大程度上免除了对立与麻烦。而愚者往往不明就里，他们会将这种灵活性贬斥为见风使舵、两面三刀、曲意逢迎。这样的人大多是直肠子，他们说话并不注意对象，想到什么就说什么。其后果是，说者无意，听者有心，在不知不觉中便得罪了许多人，由此为自己带来了很多不必要的麻烦，甚至造成难以挽回的后果。

【谈古论今】

没有原则，世界就没有秩序，会失去约束。但没有柔忍处世的策略，世界就会负荷太重，处处针尖对麦芒，摩擦不断。只有内里禀持原则，外用柔忍处世，才能达到和谐。

狄仁杰——善察圣意，得脱冤狱

如今，狄仁杰在荧屏上可谓相当火爆，相信一千多年以前的这位大唐名相无论如何也想不到自己会成为"神探"的代言人。不过，无论名相也好，侦探也罢，二者皆不可或缺的就是智慧。

我们知道，武则天执政初期，为巩固自己的统治地位，大用酷吏，朝中文武冤死无数。狄仁杰乃是李唐旧臣，虽追随武则天，但心向李唐，这一点从他极力建议武则天立李显为太子便可看出。

那么，这样一位心念旧情的前领导班子成员，遇上了武则天这样下手狠辣的新老总，是如何安然度过危机并受到信任和重用的呢？

【史事风云】

武则天时代，对于宰相一直采取残酷打击的政策，大都罗织罪名，以酷吏加以制约和镇压，使这批世袭贵族、豪门，尤其是李唐时代的功臣勋旧，遭到了重大打击。

684年9月，武则天临朝称制，690年即位称帝，在位16年。自光宅元年（684年）至长寿二年（693年）10年之中，共有宰相46人，被杀、自杀、被流放者占全数的75%以上，比之汉朝武帝时代有过之而无不及。

是时正值长寿元年一月，也是恐怖政治达到高潮的时期。武承嗣—来俊臣联盟达到鼎盛。

由于武则天临朝称制、称帝已有十多年，李唐贵族势力已遭到重大打击，武则天两个儿子中宗与睿宗已被"束之高阁"。因此，武则天的侄子仗着武姓宗族与亲信的便利，开始着手建立武姓王朝的准备，武来联盟趁着铲除李唐旧臣的机会，一方面试探自身力量强大与否，一方面借巩固消灭旧势力集团的成果，再次把行动矛头指向七位素享声誉的大臣。

这7人是三位宰相：任知古、狄仁杰、裴行本；四位大臣：司礼卿崔宣礼、前文昌左丞卢献、御史中丞魏元忠和潞州刺史李嗣忠，而尤以狄仁杰、魏元忠最卓声望，是朝臣中李唐贵族的领袖级人物。

武来联盟打出的寻罪王牌仍如同以往构陷他人一样：谋逆罪。这正是武则天最为忌讳、最为警觉，也最具杀伤力的罪名。

来俊臣亲自主审狄仁杰，他首先进行诱供，说，如果狄宰相首先承认犯罪事实，不仅可以去免死罪，还可免除酷刑。来俊臣残酷的刑讯逼供，天下尽知，尤其是惩罚大臣之重，更是令人毛骨悚然。

狄仁杰当然深知来俊臣用刑的残毒，就来了个缓兵之计，首先承认犯有谋反大罪，但内容非常空洞，没有所谓的谋反事实。大而化之是狄氏"认罪"的原则，为以后翻案作准备，这是他的过人之处。狄仁杰说："大周革命，万物维新，唐室旧臣，甘从诛戮，反是实。"仅仅作为李唐旧臣，就对"大周革命"有谋反之罪，显然是自欺欺人的被迫之辞。来俊臣根据以往经验，只要承认反罪就行，其他再说，就坐等则天皇帝批斩或北流。

狄仁杰在狱中还晓以大义，进行策反活动，在人身自由稍有改善之际，就以书信密缝于棉衣中，送达家人，让儿子狄光远上书鸣冤。

实际上，武则天以酷吏制旧臣，其中冤假错案何止千万，武则天早已了然于心，但在其根基未稳的非常时期，她便听之任之；一旦天下进入正常运行轨道，君臣和睦、上下一心的局面当是武氏王朝能够昌盛、延续的重要条件，这一点她也是知道的。因此，假装从前受到蒙蔽的武则天抛出"掩耳盗铃"伎俩，借此案祭出"仁慈君主"手段，对来俊臣把持的监狱系统进行审查。

武则天首先在宫中召见来俊臣，问狄仁杰所称"谋反罪"是否是酷刑逼供得来的，遭到来氏断然否认，认为他们都处之甚安，朝衣朝冠都披挂在身，根本没有用刑。

武则天此举是"打招呼"，是告诉来俊臣不可过分行事，我已知道监狱中的残酷行径，以前只是不明言而已；现在若再如此，我还是要管的。随后，武则天又派使者通事舍人周琳到狱中巡视，虽然来俊臣的淫威使周琳在狱中望而却步，但狄仁杰等臣还是被去掉囚衣，披上朝服，等待检视。

虽然周琳之行没有取得什么结果，但他散发出来的政治信息使两方面产生了截然不同的态度：狄仁杰等人知道武则天已动恻隐之心，知道女皇帝已对监狱刑讯逼供产生了怀疑，就更加起劲四处活动，寻求更多的同情与支持；来俊臣之流则是慌了手脚，看出武则天的不满，于是也加紧活动，恫吓朝臣，极力掩盖真相。

武则天既然已有变通监狱中大臣命运的想法，就需要一个朝臣的奏章和谈话作为引子，让话从他们口中说出，自己做出恍然大悟的样子，以便不给群臣完全改变从前的决定——朝三暮四、出尔反尔的口实，这于皇帝尊严是非常有害的；而且对于突然之间改变朝臣生死命运，也必须给他们恩重如山的感觉，否则反而生怨，起不到效果。

正好这时有一个八九岁的小奴隶的上书给了武则天以契机。这个姓乐的小孩采取"以毒攻毒"的策略，以告密来反告密，因为只有告密者才能得到武则天亲自的接见。小孩在武则天接见时放胆畅言，指出了来俊臣制造的惨无人道的冤案遍地，武则天于是决定亲自讯问狄仁杰，于是此案得以真相大白。

后来的故事可以顺理成章地推断出：武则天以圣明的样子决定，从宽处理七大臣，武则天在朝座之上，堂而皇之地对群臣说："古人云以杀止杀，我今以恩止杀，就群公乞（任）知古等，赐以再生，各授以官，亿申来效。"于是，此案得以戏剧性结局，七大臣居然全部保全了性命。

狄仁杰凭借自己的机智逃生以后，便开始反戈一击。一次，他利用接近武则天的机会，敦请武则天迎回被流放到房州的庐陵王李显，重立为储。他的说辞非常巧妙："如果立自己的儿子，您千秋万岁之后，可以位列太庙，子孙祭祀受享无穷。如果立自己的侄子……臣没听说过侄子作了皇帝，不供自己的父母，却把姑妈供在太庙里祭祀的。"届时，武则天业已七十有余，她不能不虑及自己的身后事，而且武则天对鬼神之说非常迷信，狄仁杰的话，恰恰击中了她的软肋。不久，狄仁杰又一次请求武则天恢复李显的太子之位。武则天假装不耐烦地说："好了好了，朕把太子还给你就是了。"说着命内侍拉开身后的帏幔，只见李显走了出来，狄仁杰惊喜交加。武则天亲手导演的戏剧性一幕，令皇子派大喜过望，而武承嗣则是失望透顶，就在李显重新被立为太子的同一年，费尽心机却竹篮打水一场空的武承嗣郁闷而死。

【人物探究】

狄仁杰死后，他一手提拔起来的张柬之，趁武则天病重，发动宫廷兵变，拥立李显复位，恢复了李唐王朝的天下。显然，这亦与狄仁杰的精心布局有着莫大关系。若不是他将一批心念李唐、有能力且又有实力的人物举荐到关键部门任职，计划何以进行得如此顺利。

所以，从某种意义上说，狄仁杰一生都在和武则天博弈，面对武则天这样胸怀韬略、绝顶精明的上司，狄仁杰做得俨然是非常成功的。

1. 即保性命，又保气节

狄仁杰的供词深藏玄机。为了不被来俊臣等人屈打致死，他首先承认"谋反是事实"，先保住性命再说。但其实却话里有话，他表示：武周是新政权，我是李唐旧臣，甘愿受诛戮。更深的一层意思则是：在新政权看来，但凡李唐旧臣就是谋反者，不管是否有实际行为。言外之意，我狄仁杰没与你武则天做对，谋反罪名是被动的。

这份供词表面认罪，实则根本没有招供，既保住了自己的性命，又没有丢失气节，着实是棋高一招。

2. 善察心理，立身庙堂

武则天登基之初宝座不稳，她以极端的小心眼儿面目出现，容不得臣下一丁点儿的差失不说，还故意放纵酷吏构陷打击大臣，这些人都成了她不共戴天的仇敌。但时过境迁，打击不是目的，小心眼儿只是一个表象，她既已牢牢掌握了局面，这时更需要的是安定，需要有能人给她办事效力。这时自然需要撕下让人忌恨的"小心眼儿"的伪装，换上则天大帝宽宏为怀，明察秋毫的面具。周兴、来俊臣之流看不清这一点，被铲除是必然的，狄仁杰心思缜密，能够看清这一点，既保住了性命又避免了进一步的打击。

3. 亲情攻势，复位李显

每一个女人在结婚以后，都要经历从维护娘家人到竭力扶持儿女这一过程，武则天自然也不例外。届时，武则天年事已高，舐犊之情愈浓。狄仁杰正是抓住女人的这一通性，长期细致地施行亲情攻势，反复渲染母子情。

另一方面，狄仁杰又提醒武则天"百年以后，是儿子会给你立庙、还是侄子会给你立庙呢？"最终，武则天的心理防线被击溃，迎回李显，复立为太子。

策略不同于狡猾，狡猾之人往往自私自利，以为自己谋利为主要目的。而具有大智慧者多具有大品格，既能独善其身又能兼济天下，狄仁杰无疑就是这样一个人。

【谈古论今】

认识一个人，不能只看表面，人的许多外在情感不一定都是内心所想，尤其是当处于复杂的环境中时，人心更是难测。所以，无论是作为普通人还是为政者，都必须深入观察，真正看透一个人的内心，谨防误识。否则，将会对自己造成伤害。

吕蒙正——小事不究，留人余地

吕蒙正在宋朝的影响非常大。据说，古时皇帝为状元写诗赐宴的定例，就是由他开始的。吕蒙正是我国历史上第一位平民宰相、书生宰相、状元宰相，也是宋朝辅佐三朝的两个宰相之一。

吕蒙正的7个儿子都在朝为官，从简、惟简、承简、行简、务简、居简、知简，其家族可谓人才辈出，代代不乏。

后人对吕蒙正亦是推崇备至，元朝时期，人们创作了不少关于他的剧本，诸如《吕蒙正赶斋》、《彩楼记》、《吕蒙正风雪破窑记》，等等。

其实，古时有才有德之人不乏其数，但能像吕蒙正这般深受隆宠的着实数得过来。在纷扰复杂的官场，在唯我独尊的君王时代，吕蒙正能上得皇帝眷宠，下与百官和睦，又深受百姓尊崇。足见其处世的策略高人一筹。

【史事风云】

宋朝的吕蒙正，不喜欢与人斤斤计较，他刚任宰相时，有一位官员在帘子后面指着他对别人说："这个无名小子也配当宰相吗？"吕蒙正假装没听见，大步走了过去。其他参政为他忿忿不平，准备去查问是什么人敢如此胆大包天，吕蒙正知道后，急忙阻止了他们。

散朝后，那些参政还感到不满，后悔刚才没有找出那个人。吕蒙正对他们说："如果知道了他的姓名，那么就一辈子也忘不掉。这样的话，耿耿于怀，多么不好啊！所以千万不要去查问此人姓甚名谁。其实，不知道他是谁，对我并没有什么损失呀。"当时的人都佩服他气量大。

谁人背后没人说，谁人背后不说人？别人说你两句，就让他说吧，只要无伤大雅。非要和别人较劲，不是给自己找难受吗？吕蒙正身为一朝宰相，犯不着啊。

做人是这样，做事情也是这样。

一天，吕蒙正听到几个儿子在家中私语，就问："我在朝中做宰相，外边是不是有什么议论？"儿子答道："你的口碑很好，只是有人说你无所作为，职权多被同僚所分。我们心中有些为你不平。父亲，你是当朝宰相，皇上把你提升到这个位置上，看中你的就是才能，为什么你总是让人三分呢？"吕蒙正笑着说："我确实无能，哪有什么才能呀，皇上提拔我，只是因为我善于用人罢了，我做宰相，人若不尽其才，才是我真正的失职啊！"

吕蒙正做了宰相不久，有人揭发蔡州知州张绅贪赃枉法，吕蒙正就把他免了职。朝中有人对太宗说，张绅家里富足，不会把钱看在眼里，这是吕蒙正公报私仇。因为吕蒙正贫寒时，曾向张绅要钱，张没给他。太宗于是恢复了张绅的官职。这样的事怎能辨清，吕蒙正对此事什么也没说。后来其他官员在审案时又得到张绅受贿的证据，又被免了职，太宗这才知道冤枉了吕蒙正，就对他说："张绅果然是贪污受贿。"吕蒙正只说道："知道了。"

吕蒙正的同窗好友温仲舒，两人同年中举，在任上温仲舒因犯案被贬多年，吕蒙正当宰相后，怜惜他的才能，就向皇上举荐了他。后来温仲舒为了显示自己，竟常常在皇上面前贬低吕蒙正，甚至在吕蒙正触逆了"龙鳞"之时，他还落井下石，当时人们都非常看不起他。有一次，吕蒙正在夸赞温仲舒的才能时，太宗说："你总是夸奖他，可他却常常把你说的一钱不值啊！"吕蒙正笑了笑说："陛下把我安置在这个职位上，就是深知我知道怎样欣赏别人的才能，并能让他才当其任。至于别人怎么说我，这哪里是我职权之内所管的事呢？"太宗听后大笑不止，从此更加敬重他的为人。

后来，有人上奏说在汴河从事水运工作的官吏中，有人私运官货到其他地方卖，影响到周围的一些人，众人颇有微词。听了这话，太宗向左右说：

"要将这些吸血鬼完全根除实在不是容易的事，这就像以东西堵塞鼠洞一样无济于事。对此，不可以过于认真，只需将有些做得过分，影响极坏的首恶分子惩办了即可。如有些官船偶有挟私行为，只要他没有妨碍正常公务，就不必过分追究了。总之，这样做也是为了确保官运物质的畅行无阻呀！"

站在一旁的宰相吕蒙正也表示赞同，他说：

"水若过清则鱼不留，人若过严则人心背。一般而言，君子都看不惯小人的所作所为，如过分追究，恐有乱生。不若宽容之，使之知禁，这样才能使管理工作顺利开展。从前，汉朝的曹参对司法与市场的管理非常慎重，他认为在处理善恶的执法量刑上应该有弹性，要宽严适度。谨慎从事，必然能使恶人无所遁形。这正如圣上所言，就是在小事上不要太苛刻。"

后来，吕蒙正因病告老，宋真宗封禅之时，特意两次经过他家去看望退休的他，并询问吕蒙正其子嗣是否有可当大任者。他没有推荐儿子，推荐了侄子吕夷简，他其实是避嫌，事实证明，他的儿子也非常优秀。

【人物探究】

水过于清澈，就养不了鱼；做人如果过于苛刻，就容易失去人缘——这是吕蒙正为官多年所悟出的处世哲理，也正得益于这种思想，他才能在沉浮不定的官场中扶摇直上，屹立不倒。他的处世哲学，其实是很值得我们学习的。

1. 唾面自干

对于同僚的侮辱性语言，吕蒙正毫无追究之意。其实，追究又有何用？身为宰相，那么多双眼睛看着你，总不能因为私人嫌隙，便打击报复吧。这样做无疑会使自己的威信大打折扣。所以，吕蒙正以"唾面自干"的方式处理此事，任你去说，我权当不知，这种大度的胸怀，反而能为自己在百官之中树立起足够的威信。

2. 留人余地

吕蒙深知"水若过清则鱼不留，人若过严则人心背"。所以他做人做事向来不过于苛刻，凡事尽量留人一步走，因此同僚多对他敬重有加，这也是他能够成为官场常青树的关键所在。

宽容忍让，自古以来便被视为一种美德而不断传承。孔子说过"薄责于人，则远怨矣"。意思是，对别人少一些责怪，多一些谅解与宽容，就能远离怨恨了。吕蒙正恰恰在这一方面做得很到位。

【谈古论今】

不要希求在一个人身上得到全部优秀的品质和才能，更不能一发现别人有看不顺眼的地方就否定，轻视甚至与之造成隙怨。一旦如此，则不但会失去利用其拥有的才能的机会，同时也会因为用人过苛而陷入孤立无援的境地。不过分吹毛求疵，凡事皆留有回旋的余地，对细枝末节的小事不妨姑且放过，这乃是大部分中国人的处世为人的信条。

姚广孝——不脱僧衣，不受权害

姚广孝善诗文，通禅理，他虽身入空门，但凡心不老，在朱棣登上皇位的过程中扮演了极为重要的角色。香港电视广播有限公司历史大剧《洪武三十二》中那个一出场便神秘莫测的老和尚就是他。

他助燕王登基可谓用尽心思，竟在和平稳定的年代里辅佐自己的主子——朱棣，从正统的皇帝朱允炆手中夺得本跟他无缘的皇位。而在大功告成以后，又展露出强人一等的政治头脑，帮助朱棣在名不正言不顺的永乐元年开创后世的永乐中兴，亦没有重蹈文种、韩信一样"狡兔死、走狗烹"的覆辙，平平安安地度过了后半生，安安然然地坐化归西了。

【史事风云】

姚广孝是朱棣的重要谋臣，他甫一跟随朱棣，便力劝朱棣以谋取帝位为己任。尤其是在朱元璋驾崩、朱允炆即位之后，姚广孝更是以各种方法和途径，甚至用巫术占卜来"激励"朱棣去夺取帝位。

建文四年（1402年）六月，燕王朱棣的"靖难"大军集结于南京城下，建文帝政权大势已去，不久，大将李景隆等开门献城迎接燕王，京城遂陷落。宫中火起，建文帝不知所终。

至此，靖难之役降下了帷幕。燕王朱棣登基称帝，改元"永乐"，是为明成祖。

朱棣当了皇帝，来不及掸去身上的征尘，便开始了双管齐下的行动：一边血腥镇压反对派，一边慷慨地大封功臣。

姚广孝虽未亲临战阵攻城略地，但运筹帷幄之中，取胜于千里之外，功绩堪比汉代的萧何与张良，所以成祖毫不犹豫地把他列为第一功臣。那些浴血奋战的武将，也对姚广孝极为佩服，甘居其后。

既然是第一功臣，自然要大加封赏。但姚广孝坚辞不受，只接受了一个僧录司左善司的僧官。他对成祖说：当年若没有僧录司左善司宗泐的推荐，就没有今天；自己接受这个僧官，权作纪念吧！至于其他正式的官号，也就不必了；自己住惯了禅寺，不愿住在官府里。

成祖觉得过意不去，要他蓄发还俗，他坚持不肯。成祖所赐予的豪华宅第，他也推辞不要。成祖没有办法，就以他上了年纪需要人照顾为由，送给他两个漂亮的宫女。姚广孝推托不过，便采用"冷冻搁置"的办法，既不赶宫女走，也从不接近她们。日子久了，那两个宫女自感无趣，便又返回了宫中。

姚广孝知道，自己虽助成祖做了件大事，但在正统的士大夫眼里，这是篡逆行为，搞的是阴谋诡计。有一次，他去拜访旧友王宾，王宾竟闭门不见；他去看望自己的同母姐姐，姐姐也不让他进门。这使他很伤心，也受到很大感触。

成祖初入南京时，对建文帝的旧臣大开杀戒，杀了齐泰、黄子澄、铁铉和户部侍郎卓敬、礼部尚书陈迪等多人，其中对文学博士方孝孺的杀戮最为惨毒，诛灭十族。

方孝孺是一代名儒，姚广孝对他很敬慕。早在燕王大举南下时，姚广孝就跪在燕王面前密启道："臣有一事相求。南京有文学博士方孝孺，素有学行。倘若殿下武成入京，请千万不要杀他。若杀了他，天下读书的种子就断绝了。"燕王入京，本欲让方孝孺草拟登基诏书，但方孝孺誓死不从，并当众大骂燕王。燕王恼羞成怒，下令灭其十族。古来最厉害的刑罚就是"诛九族"，是指父族四辈、母族三辈、妻族两辈以内的亲属。燕王连方孝孺的朋友、门生也一并捕来，充为十族，遭牵连诛杀的共有八百七十三人。

成祖的暴行，引起御史大夫景清的强烈仇恨。一天，他怀刀入朝，想行刺成祖，结果刀被搜出。成祖大怒，将他剥皮杀死，同时连景氏九族及乡里亲朋故旧也株连被害，村里为墟。这种杀戮辗转牵连，如瓜蔓之蔓延，被人称为"瓜蔓抄"。

姚广孝感到，再听任成祖这样杀戮下去，势必会出大问题。他进朝议事，密劝成祖道：建文帝的铁杆大臣已经诛杀殆尽了，对其他旧臣，要安抚、说服，都可继续任用；再说，建文帝在位只四年，其臣僚绝大多数是明太祖选拔的，成祖继承的是太祖的基业，完全可以顺理成章地任用他们。夺天下容易治天下难，杀人太多，就会失掉民心，甚至会引起动荡，留下隐患。

成祖闻言醒悟，停止了对建文旧臣的清算和诛杀。为了表示诚意，还有意重用建文旧臣，成立内阁时，让解缙等七人当了内阁大学士。

但姚广孝毕竟是高人一筹的智臣。在功成名就之后，并且皇帝也对他言听计从之时，仍保持着清醒的头脑。他不再以刘秉忠自命，并一再称自己"不是高阳酒徒（郦食其）"，"不入飞熊（姜子牙）梦"。他将自己比作"既倦终宵巡瓮下"的老病之猫，并为"谁念前功能保爱"而深感不安。洪武功臣的悲惨下场给他留下的印象太深刻了。

姚广孝在成为达官贵人之后，除了继续当和尚，还有一点高明之处，即不蓄私产。他曾因公干至家乡长洲，乃将朝廷所赐金帛财物散予宗族乡人，自己不留积蓄。这与历来巧取豪夺、营殖家产的封建官僚不啻有天壤之别。

暮年的姚广孝虽未任七卿要职，然所任太子少师却是实职，与后来此职不同。"时上狩北京，广孝留辅太子。自是以后，东宫师、傅终明世皆虚衔，于太子辅导之职无与也。"

永乐二年六月，在受官太子少师后两个月，姚广孝又以钦差身份前往苏湖赈济。这是一种特殊荣誉。离别故乡二十余年后，他终于衣锦还乡了。这次还乡的兴奋中，也伴随着怅然之感。他的父母均已去世，"垅墓既无，祖业何在？岁时祭扫，曾不可得"。他只好将父母灵位放进了少时出家的妙智庵。

他回京后畜养一只雄鸡，每晨闻鸡而起，壮心未已地度过了一生最后十数个年头。他辅导太子居守京师，并为太孙讲读华盖殿。而他晚年最有成效的工作，则是先后主持了《永乐大典》和《明太祖实录》两部大书的编修。

原主持编修《永乐大典》的解缙并未理解皇帝指令编修这部巨帙的宗旨。永乐二年二月书成上呈，定名《文献大成》。"既而上览其书，更多未备，复命姚广孝等重修。"永乐五年，这部包罗经、史、子、集、百家、天文、地志、阴阳、医、卜、僧、道、技艺之言，多达二万多卷巨帙的类书，在姚广孝主持下完成，定名为《永乐大典》。《永乐大典》共有22937卷，分装成11095册，字数达三亿七千万。大部分遗失，现存仅714卷。姚广孝参加纂修《永乐大典》，对我国古代文化事业，做出了不朽的贡献。

永乐九年，77岁的姚广孝再次受任监修官，主持《明太祖实录》的重新编修。从此直至他去世，大约六年多时间，他兢兢业业地完成了此项工作。这次修成的《明太祖实录》就是今天所见三修本。这是一次真正重修，所用时间和全书内容都大大超过了前两次修纂。但是当永乐十六年（1418）五月书成，朱棣设宴赏赐有关人员时，为此耗尽余生的姚广孝却已在两月前与世长辞了。

姚广孝大化归天之后，成祖极为哀痛，命礼部和僧录司为他隆重治丧，以僧礼安葬，并停止视朝两天。赐葬于房山县之北，谥为"恭靖"。

【人物探究】

姚广孝具有非常清醒的政治头脑，这一点在以下两方面体现的尤为明显。

1. 他能抛开世俗观念，认识到谁是君王并不重要，重要的是是否能够为黎民百姓带来幸福安康的生活，这种政治思想在当时无疑是非常先进的。朱允炆孱弱，朱棣雷厉风行又有雄才伟略，是强国治世的不二人选，所以姚广孝毫不犹疑地辅助"逆贼"推翻了正统，于是便有了后来的永乐中兴。可见，他的政治眼光是多么的独到。

2. 燕王夺权成功以后，姚广孝作为功高盖世的元勋，处在十分微妙的位置上。姚广孝具有清醒的政治头脑，不能无"狡兔死、良狗烹"之防和功高震主之惧。明太祖朱元璋曾大杀功臣，以巩固皇权。明成祖会不会效法其父，姚广孝不得而知。他不能不未雨绸缪。姚广孝坚持不脱袈裟，其奥妙概于此也。这正表现了他超人的智谋。他继续当和尚，表明对权势的超脱和没有政治野心，使他的权势反而更牢固，又能安度晚年，得以善终。

姚广孝用谋略才智成功地保护了自己，终其世深受成祖宠信，不能不说是高人一筹啊。古往今来，兔死狗烹、过河拆桥之事比比皆是。是故，聪明绝顶的韬略智臣多会在功成名就之时及时刹车，或是放弃权力、"得过且过"，或是尽掩锋芒、不问政事，或是干脆借由辞官，做

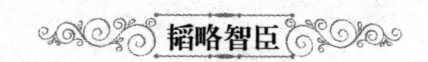

一只闲云野鹤，而这些人绝大多是都是可以善始善终的。

【谈古论今】

　　功高盖主之事无论是在古代还是现代，都不乏血淋淋的事实，这是需要人们时刻警醒的，无论在工作中还是生活中，奉劝朋友们都能效仿一下姚广孝，将自己的锋芒尽量掩藏起来，以恭谦稳重的态度循序渐进，尽量减少不必要的伤害。

徐阶——小心谨慎，谋定后动

　　徐阶二十成名，其一生几乎都在政治旋涡中盘旋。他曾经因为得罪当朝权贵张璁而被害得家破人亡，凄凄惨惨地被发配边疆。

　　后来，他回来了，又亲眼看着自己的恩师夏言惨遭严嵩迫害，却只能保持缄默。

　　他苦心经营十几年，忍一切难忍之事，容一切难容之人。最终扳倒了不可一世的严嵩。

　　接下来，他一改往日假意依附严嵩时的懦弱风格，拒绝了皇帝一切奢华要求，提拔了一大批正直能干的青年才俊，这其中就包括有万历第一首辅——张居正。

　　纵观徐阶一生，曾被人整过，亦曾整过人；干过不少好事，亦曾违心地干过坏事。他用了四十年的时间，将自己从一个热血青年锻造成"老谋深算"的政坛悍将，最终站到了权力的中心。

【史事风云】

明嘉靖时，奸臣严嵩得皇帝宠信，权势熏天，在朝中对不顺从他的大臣横加迫害，很多人敢怒不敢言，许多有志之士更是把推翻严嵩当做目标。

当时严嵩任内阁首辅大学士，而徐阶为内阁大学士，他在朝中很有名望，严嵩曾多次设计陷害他。徐阶装聋作哑，从不与严嵩发生争执，徐阶的家人忍耐不住，对徐阶说："你也是朝中重臣，严嵩三番五次害你，你只知退让，这未免太胆小了。这样下去，终有一天他会害死你的。你应当揭发他的罪行，向皇上申诉啊。"

徐阶说："现在皇上正宠信严嵩，对他言听计从，又怎么会听信我的话呢？如果我现在控告严嵩，不仅扳不倒他，反而会害了自己，连累家人，此事绝不可鲁莽！"

严嵩为了整治徐阶，就指使儿子严世藩对徐阶无礼，想激怒他，自己好趁机寻事。一次，严世藩当着文武百官的面羞辱徐阶，徐阶竟是没有一点怒色，还不断给严世藩赔礼道歉。有人为徐阶打抱不平，要弹劾严嵩，徐阶连忙阻止，他说："都是我的错，我惭愧还来不及，与他人何干呢？严世藩能指出我的过失，这是为我好，你是误会他了。"

徐阶在表面上对严嵩十分恭顺，他甚至把自己的孙女嫁给严嵩的孙子，以取信严嵩。嘉靖四十一年（1562年），邹应龙告发严嵩父子，皇帝逮捕严世藩，勒令严嵩退休。徐阶亲自到府安慰，使得严嵩深受感动，叩头致谢。严世藩也同妻子乞求徐阶为他们在皇上面前说情，徐阶满口答应下来。

徐阶回家后，他的儿子徐番迷惑不解，说："严嵩父子已经获罪下台，父亲应该站出来指证他们了。父亲受了这么多年委屈，难道都忘了吗?"

徐佯装生气，骂道："没有严家就没有我的今天，现在严家有难，我负心报怨，会被人耻笑的！"严嵩派人探听到这一情况，信以为真。

严嵩已去职，徐阶还不断写信慰问。严世藩也说："徐老对我们没有坏心。"殊不知，徐阶只是看皇上对严嵩还存有眷恋，且皇上又是个反复无常的人，严嵩的爪牙在四处活动，时机还不成熟。他悄悄告诉儿子："严嵩受宠多年，皇上做事又喜好反复，万一事情有变，我这样做也能有个退路。我不敢疏忽大意，因为此事关系着许多人的生死，还是看情况再做定夺的好。"

等到严世藩谋反事发，徐阶密谋起草奏章，抓住严嵩父子要害，告严嵩父子通倭想当皇帝，才使得皇上痛下决心，除掉严嵩父子。

【人物探究】

徐阶的睿智和隐忍着实令人钦佩，虽说"君子报仇十年不晚"，但屈身于仇敌，一忍就是十几年，世间又有几人能够做到？徐阶的做法颇值得我们借鉴。

1. 装聋作哑，逆来顺受

面对严嵩的故意刁难、迫害，徐阶丝毫没有表示出反抗之意，反而在家人为其愤愤不平之时，告诫大家要耐心忍耐，甚至为博取严嵩的信任，而将自己的孙女嫁给严嵩的孙子。也正是因为有了这份逆来顺受，严嵩当权之时，他才一直没有性命之忧。

2. 没有把握，就不动手

严嵩第一次被革职，徐阶非但没有"落井下石"，反而"以德报怨"，因为他知道，皇帝与严嵩相处日久，心理上对他的依赖已经很重，这点小事很有可能扳不倒严嵩，弄不好还会惹火烧身。事实证明他的谨慎是对的。

3. 切中要害，一击即中

对于君王而言，最忌讳的是什么？显然是皇权受到威胁。这一次徐阶抓得很准、下手够狠，利用通倭罪名直接将严世藩铲除，令严嵩再无回天之力。

谋定而后动，徐阶的做法可谓谨慎有加。正因为他能忍辱负重，示敌以弱，才能在严嵩的步步紧逼下化险为夷，最后抓住机会一举歼敌。试想，倘若他一开始便于严嵩针尖对麦芒，撕破脸皮，那么究竟会鹿死谁手呢？

【谈古论今】

人生如棋，一味冲撞的阵前卒子很容易丢掉身家性命。将帅者应知道何时该冲锋陷阵，何时该韬光养晦。做人处世需知过刚则易折，骄矜则招祸，必要时忍辱负重，刚柔并济，进退有度，谋定而后动。

张廷玉——低调至谦，知足为诫

与诸多直接处理政务的大臣不同，历史上关于张廷玉的具体事迹并不多。作为三朝元老，张廷玉居官五十年之久，恩宠始终不衰，曾先后担任过内阁学士、刑部侍郎、吏部侍郎、户部尚书、翰林院掌院学士、太子太保、文渊阁大学士、保和殿大学士兼吏部尚书。

雍正临终前，特遗命张廷玉与鄂尔泰并为顾命大臣。在乾隆朝，张廷玉仍以两朝元老的身份受到重用，及至死后，仍配享太庙。纵观整个大清历史，以汉人身份配享太庙者，唯独张廷玉一人。

张廷玉的一生无疑是非常成功的，这里且不说他对清朝政治制度的贡献，单凭他能够受到雄才伟略的康熙的赏识以及备受铁腕皇帝雍正的重用这两点，就足以看出他高人一筹的智谋。

【史事风云】

张廷玉，生于1672年，泯于1755年，字衡臣，号研斋，安徽桐城人。康熙三十九年进士，雍正初晋大学士，后兼任军机大臣，主要从事文字工作，即皇帝身边的机要秘书。张廷玉深知"伴君如伴虎"，且自己从事的工作又极为敏感，故他"周敏勤慎"、"谨言慎行"，不涉是非、将全部精力都投入到自己的工作之中，所以尤为皇帝所倚重。雍正五年，张廷玉偶然小疾，雍正皇帝竟对近侍说道："朕连日来臂痛，你们知道吗？"近侍们闻言大惊，忙问圣体如何不适，谁知雍正却说道："大学士张廷玉患病，非朕臂病而何？"

雍正八年，皇帝赏银两万两，张廷玉力辞，雍正说到："汝非大臣中第一宣力者乎！"并不准他推辞。每每雍正皇帝感到不适时，只要是吩咐密旨，必宣张廷玉承领，事后雍正皇帝说："彼时在朝臣中只此一人。"

雍正十一年，张廷玉回乡祭祖，临行的前一天，雍正皇帝特赠予张廷玉一件玉如意，并亲自表示祝愿"往来事事如意"。另外，雍正皇帝还赐给张廷玉一副春联——"天恩春灏荡，文治日光华"。此后，张家年年用这副春联作门联，以表示对皇恩浩荡的感戴之情。

难得的是，张廷玉虽身居高官，却从不为子女们谋求私利。他秉承其父张英的教诲，要求子女们以"知足为诫"，其代子谦让一事就可以让我们看到他低调做人的那一面。

张廷玉的长子张若霭在经过乡试、会试之后，于雍正十一年三月参加了殿试。诸大臣阅卷后，将密封的试卷进呈雍正帝亲览定夺。雍正帝在阅至其中的一本时，立即被那端正遒劲的字体所吸引。再看策内论"公忠体国"一条，有"善则相劝，过则相规，无诈无虞，必诚必信，则同官一体也，内外亦一体也"数语，更使他备感良才难得，如获至宝。雍正帝认为此论言辞恳切，"颇得古大臣之风"，遂将此考生拔至一甲三名，即探花。后来拆开卷子，方知此人即大学士张廷玉之子张若霭。雍正帝十分欣慰地说："大臣子弟能知忠君爱国之心，异日必能为国家抒诚宣力。大学士张廷玉立朝数十年，清忠和厚，始终不渝。张廷玉朝夕在朕左右，勤劳翊赞，时时以尧舜期朕，朕亦以皋、夔期之。张若霭秉承家教，兼之世德所钟，故能若此。"并指出，此事"非独家瑞，亦国之庆也"。高兴之余，还未等放榜，雍正帝就派人告知了张廷玉。

自从科举制度兴起之后，金榜题名便成了读书应试者的奋斗目标。按照常理，得到儿子考中一甲的喜讯，作为父亲没有不为之高兴的。然而，张廷玉却不然。他想到的是自己的儿子还年轻又是重臣之后，一举成名并非好事，应该让儿子继续努力奋进。于是，他没有将喜讯通知家人，而是做了另一种安排，要求面见雍正帝。获准进殿后，他恳切地向雍正帝表示，自己身为朝廷大臣，儿子又登一甲三名，实有不妥。没容张廷玉多讲，雍正帝即说："朕实出至公，非以大臣之子而有意甄拔。"张廷玉听罢，再三恳辞，他说："天下人才众多，三年大比，莫不望为鼎甲。臣蒙恩现居官府，而犬子张若霭登一甲三名，占寒士之先，于心实有不安，倘蒙皇恩，名列二甲，已为荣幸。"按照清代的科举制度，殿试后按三甲取士，一甲只三人，即状元、榜眼、探花，称进士及第；二甲若干人，称进士出身；三甲若干人，称同进士出身。凡选中一、二、三甲者，可统称为进士，但是一、二、三甲的待遇是不同的。一甲三人可立即授官，成为翰林院的修撰或编修，这是将来高升的重要台阶；而二、三甲则需选庶吉士，数年后方能授官。也有二、三甲立即授官者，但只是做州县等官。张廷玉是深知一、二甲的这一差别的，但是为了给儿子留个上进的机会，他还是提出了改为二甲的要求。雍正帝以为张廷玉只是做态的谦让，便对他说："伊家忠尽积德，有此佳子弟，中一鼎甲，亦人所共服，何必逊让？"张廷玉见雍正帝没有接受自己的意见，于是跪在皇帝面前，再次恳求："皇上至公，以臣子一日之长，蒙拔鼎甲。但臣家已备沐恩荣，臣愿让与天下寒士，求皇上怜臣愚忠。若君恩祖德，佑庇臣子，留其福分，以为将来上进之阶，更为美事。"张廷玉"陈奏之时，情词恳至"，雍正帝"不得不勉从其请"，将张若霭改为二甲一名。不久，在张榜的同时，雍正帝为此事特颁谕旨，表彰张廷玉代子谦让的美德，并让普天下之士子共知之。

张若霭十分理解父亲的做法，而且不负父亲的厚望，在学业上不断进取，后来在南书房、军机处任职时，尽职尽责，颇有其父之风范。

【人物探究】

可以说，张廷玉一生，在铁腕皇帝雍正期间"最承宠眷"，雍正更是曾夸奖他"器量纯全，抒诚供职"，显然这些都与张廷玉身上谨小慎微、低调至谦的操守是分不开的。

1. 万言万当，不如一默

这是张廷玉对黄山谷所说的话，并且也是他立身处世的主导思想及为官之道。张廷玉作为皇帝身边的"机要秘书"，深谙言多必失的道理，所以他事事小心，默默做事，绝不张扬。事情做好了，他便将功劳归于自己的领导，事情办砸了，他首先便将责任揽到自己身上，显然，对于现代的领导秘书而言，这都是很值得学习和借鉴的，所以雍正皇帝才会称赞他"器量纯全，抒诚供职"。

2. 严于律己，低调致歉

作为一代名臣，张廷玉极能严于律己，又治家有方。他代子谦让，从某种意义上可以说是对自己的一种保护，但更多的应该是让其子孙承其优点，发扬家声。或许，正是因为张廷玉的这一次谦让，张若霭才没有飘飘然起来，才有了后来的声名与地位。

其实，古今中外，很多名人正是因为在生活上的低调、在事业的高标准要求才赢得了世人由衷的赞叹。

【谈古论今】

做人，低调一点。不要让自己的虚荣心占主导地位，与他人攀比享受，让欲望充斥头脑，在无谓的地方与人争锋，这样只会让自己在世俗的灯红酒绿中迷失方向。但做事却不可放低要求，马马虎虎。凡事都应尽自己所能将自己负责的事做到尽善尽美，以高标准要求自己。这样才可以称之达到了高标准的生存境界。做人糊涂一点，做事精明一点，是每一位智者的特点。

胡雪岩——善于用人，为富且仁

作为19世纪下半叶，中国官商界的风云人物，胡雪岩的一生可以说是极富戏剧性的。他能够在短短几十年的时间，摇身一变从一个钱庄伙计成为闻名朝野的红顶商人，被赐穿黄马褂，足以见得他为人的道行之深。他强调"先做人，后做事"，以"仁"、"义"二字为经商核心，使得自己成了一个后世商人顶礼膜拜的魅力人物。

同时，胡雪岩其人善于随机应变，而又不投机取巧，遂使生意日益兴隆。他富贵又不忘本，在当时的社会上大行义举，不但为自己赢得了美名，亦换回了心灵的满足。

时至今日，人们仍忍不住发出感叹——"为政要看《曾国藩》，经商要读《胡雪岩》"，足以看出他在商人心目中的地位，以及他对当代社会的历史影响。

虽说胡雪岩亦未能摆脱商人"以利为重"的俗套，且生活方面极尽奢华糜烂，但正所谓"金无赤金，人无完人"，瑕不掩瑜，胡雪岩这位颇具神秘特色的第一红顶商人身上，毕竟有很多值得世人学习的东西。

【史事风云】

胡雪岩幼时家境贫寒。为了养家糊口，作为长子的他经亲戚推荐，进钱庄学徒，从扫地、倒水等杂役干起，三年师满后，就因勤劳、踏实成了钱庄正式的伙计。

后来，几经努力，胡雪岩成为杭州的一名小商人，但他非常善于经营，又很会做人，通晓人情，懂得"惠出实及"的道理，所以他常常给周围人一些小恩小惠。然而，这样的小打小闹逐渐不能令他满足了，他开始琢磨怎样成就一番大事业。

胡雪岩心想：在中国，一贯都是重农抑商，单靠纯粹的经商是不太可能出人头地的。像秦朝大商人吕不韦，就另辟蹊径，从商改为从政，不也名利双收了吗？所以，胡雪岩最后决定，他也要走这条路子。

当时，正好杭州有个小官员，名叫王有龄，他一直都想往上爬，但苦于没有钱做敲门砖。胡雪岩与他素有来往，随着交往加深，两人发现他们有共同的目的，只是殊途同归。于是王有龄就对胡雪岩说："雪岩兄，我并非无门路，只是手头无钱，空手总是套不了白狼。"胡雪岩听了就说："这个好办，我愿意倾家荡产来帮助你。"王有龄听了大喜，说："我富贵了，决不会忘记胡兄。"

就这样，胡雪岩变卖了所有家产，筹措了几千两银子，送给王有龄，让王有龄上京求官。王有龄去了京城后，胡雪岩仍然重操旧业，别人都嘲笑胡雪岩，认为他的银子是有去无回了，但他对别人的讥笑却丝毫没有放在心上。

几年以后，有一天，王有龄穿着巡抚的官服登门拜访了胡雪岩，问胡雪岩有什么要求，于是胡雪岩对他说："我祝贺您官运亨通，但我并没有什么要求。"王有龄是个讲义气的人，他想报答当初赠银之恩，于是便利用职务之便，命令军需官到胡雪岩的店中购物。胡雪岩的生意自然是越来越好，也越做越大，他与王有龄的关系也比以前更密切。

然而，好景不长。后来，爆发了太平天国起义，太平军占领杭州城，而王有龄也因此上吊自杀了。虽然骤然间失去了一个稳固的靠山，但胡雪岩并没有苦闷多久，他开始寻找新的目标。不久，他盯上了新任浙江巡抚左宗棠。

当时，经曾国藩保荐，左宗棠继任浙江巡抚一职。左宗棠所部在安徽时饷项已欠近五个月，饿死及战死者众多。此番进兵浙江，粮草短缺等问题依然困扰着左宗棠，令他苦恼无比。急于寻找到新靠山的胡雪岩又紧紧地抓住了这次机会：他雪中送炭，在战争环境下，出色地完成了在三天之内筹齐十万石粮食的几乎不可能完成的任务，在左宗棠面前一展自己的才能，得到了左的赏识并被委以重任。在深得左宗棠信任后，胡雪岩常以亦官亦商的身份往来于宁波、上海等洋人聚集的通商口岸间。他在经办粮台转运、接济军需物资之余，还紧紧抓住与外国人交往的机会，勾结外国军官，为左宗棠训练了约千余人、全部用洋枪洋炮装备的常捷军。这支军队曾经与清军联合进攻过宁波、奉代、绍兴等地。胡雪岩是一位商人，商人自然把利益放在第一位。在左宗棠任职期间，胡雪岩管理赈抚局事务。他设立粥厂、善堂、义塾，修复名寺古刹，收殓了数十万具暴骸；恢复了因战乱而一度终止的牛车，方便了百姓；向官绅大户劝捐，以解决战后财政危机等事务。胡雪岩因此名声大振，信誉度也大大提高。这样，财源滚滚来也就不在话下了。自清军攻取浙江后，大小将官将所掠之物不论大小，全数存在胡雪岩的钱庄中。胡以此为资本，从事贸易活动，在各市镇设立商号，利润颇丰，短短几年，家产已超过千万。晚清时期著名的洋务运动由曾国藩、左宗棠、李鸿章三人发起。此三人在同太平天国的战争中，认识到了西方先进军事技术的重要性，迫切地要求向西方学习、自强御侮，但由于他们的特殊身份，不便与外国人打交道。这样，与左宗棠联系极为密切，诸通华洋事务的胡雪岩在洋务运动中又找到了用武之地。他协助左宗棠创办了福州船政局、甘肃织呢总局；帮助左宗棠引进机器，用西洋新机器开凿径河。毫不夸张地说，左宗棠晚年的成功中有着胡雪岩极大的功劳。

一代豪商胡雪岩在商场中叱咤风云，写尽人间风流，更令人称道的是，他富贵不忘仁义，乐善好施，做出许多义举，在赢得"胡大善人"美名加身的同时，亦赚取了更多的财富，广为后人所称道。

【人物探究】

纵观红顶商人胡雪岩的一生，是非功过褒贬不一，这里且只分析他安身立命的策略。胡雪岩的成功，很大一部分要归功于他善于做人、"用人"。

1. 寻找将来能够帮助自己成功的人

知道什么样的人可以利用，什么样的人可以拉来做靠山，并适时地雪中送炭，因而为自己聚集了丰富且极为受用的人脉，这是成大事者所必须具备的一种手腕，很多人做不到，但胡雪岩玩得不亦乐乎，前有王有龄，后是左宗棠，胡雪岩为自己拉拢人脉的技术可谓炉火纯青。

2. 施小惠而获大利

其实，真正聪明的人，是在自己能力范围之内尽量"给予"的人。

而受到此种看似不求回报好意的人的恩惠，只要稍微有心，对方绝不会毫无回礼的，也会在力所能及的情形下与你合作。通过这种交流，彼此关系会愈来愈亲密，终至成为对你很有用的人。胡雪岩经商之初，便对此了然于心，而后在结交王有龄、左宗棠等人时，更是乐此不疲，而这也正是他功成名就的法宝。

3. 施恩不图报

其实，胡雪岩的"施恩不图报"恰是一步妙棋，即兵法所云的"欲擒故纵"。当初王有龄仅仅是一介落魄文人，不得志的小官，而胡雪岩却毅然决然地倾囊相助。试想，这雪中送炭之举，怎能不让王有龄对其感激涕零？不过，胡雪岩并没有急于求报，倘若如此，恐怕王有龄纵为宽厚之人，也必然暗生厌恶之情。

而后王有龄时来运转，攀上高位，登门前来报恩，他又像没事人一样"一无所求"，更是令王有龄心生敬佩与负债感，这一招看似静守，实则隐攻，令人叫绝。于是乎，王有龄心甘情愿、自发自觉地"涌泉相报"。

其实，吃亏与占便宜，正如祸福相倚一般，有时"失"就是"得"，"得"就是"失"。今天你在朋友面前"吃亏"，或许在不久的将来就会得到厚报，这些"报酬"有可能是朋友的"还礼"，有可能是朋友的信任与尊重，也有可能是其他不明因素。相反，如果你在与人交往的过程中，一心想着占便宜，到最后吃大亏的一定会是你，轻者会朋友尽散、求助无门，重者甚至有可能身败名裂，遗臭万年。

【谈古论今】

懂得存情的聪明人，平时就很讲究感情投资，讲究人缘，其社会形象是常人不可比的，遇到困难很容易得到别人的支持和帮助。因此，这样的聪明者其交友能力都较一般人占有明显的优势。

武亦有谋

有勇有谋,才当大任!都说武将只有匹夫之勇,粗犷甚至野蛮。但事实上,历史上有勇有谋的大将并不在少数。试想,那些战功卓绝、名载青史的名帅悍将倘若没有一点智谋,那么即便不在沙场上战死,也会屡遭同僚排挤、君王猜忌,又岂能善始善终?

孙膑——装疯卖傻，假痴不癫

传说，孙膑乃兵圣孙武的后人，他在东方兵学史上的地位，仅次于孙武、吴起。其所著《孙膑兵法》，堪称古代用兵之典范，如今部分已失传。1972 年，在山东省临沂银雀山汉墓中，考古学家挖掘出土了《孙膑兵法》部分残简，现珍藏于临沂金雀山汉墓竹简博物馆内，其书共计一万一千余字。

孙膑师从春秋战国旷世奇才鬼谷子，据说，孙膑在下山前，鬼谷子曾为他预测前程与命运。他让孙膑摘一朵花来，孙膑顺手将花瓶中的黄菊拿来递给师傅。鬼谷子于是说道："此花已被人折断，不为完好。但黄菊耐寒，不惧风霜，没有大碍。你虽然会遭受一时的磨难，但大难不死，他日必然功成名就。"

事情果如鬼谷子所言，孙膑下山不久，庞涓因为嫉妒孙膑的才能胜于自己，便设计加害于他，但孙膑凭着过人的智慧，死里求生，逃回齐国，最终令庞涓死于万箭之下。

【史事风云】

战国时期，有个避世的高人，人称鬼谷子，他门下弟子众多包括孙膑、庞涓、苏秦、张仪，等等。孙膑与庞涓更是其中两位佼佼者。这师兄弟才华横溢，尤其是那孙膑堪称绝世奇才，他二人平日关系最为要好，结为异姓兄弟，相约他日得志，彼此绝不相忘。但孙膑不知，此时的庞涓早已对他燃起妒火，也正因如此，这对兄弟在日后竟成了死

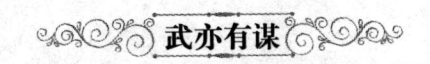

对头。

先说庞涓，因建功心切，在鬼谷子处只学3年，便匆匆下山。当时正值战国中前期，辖今山西、河南、河北地域的魏国实力颇为强大，君主魏惠王正在招贤纳士，庞涓闻讯去投，果然得到重用，被任命为上将军。这庞涓毕竟是鬼谷子的高徒，他治军有方，善于谋断，先后出兵击败宋、卫两国，当时齐国常犯魏国边境，庞涓领兵回击，又将齐国打败，令齐国人自此再不敢轻易犯境。

话说这魏王也是个求才若渴的人，他听闻庞涓的同门孙膑非常有才，就命庞涓速速将孙膑请来。这下庞涓犯了难，他在心里嘀咕：若请不来孙膑，魏王必然要责怪；可若是真请来了，自己的位置还能保住吗？至此，心胸狭窄的庞涓妒火燃烧得更加旺盛了。最后，庞涓索性心一横——不如先将孙膑请来，然后再想法致之于死地，以绝后患。

于是，庞涓派人将孙膑请到魏国。魏王与孙膑一聊，便有意封他为副将，但庞涓虚意表示，孙膑新到魏国，恐人心不服，应先以贵客之礼待他，等他日立了功，自己自会将上将之位让于孙膑，魏王亦觉有理，便答应了。接下来，庞涓把孙膑请到自己家中留住，盛情款待。

有一天，一个自称是同乡的人来找孙膑，给他带来一封家信，说是他失散多年的哥哥写的，希望孙膑能回齐国团聚。孙膑得到兄长的消息很是高兴，就写了一封回信，表示自己初到魏国，寸功未立，等报答魏王以后再去与兄长团聚。孙膑哪里知道，这个人是庞涓派人假扮的，庞涓拿到孙膑的信，模仿笔迹又写了一封，表示急于回到齐国与兄长团聚。庞涓将伪造的信拿给魏王，声言孙膑想背叛魏国，魏王看后将信将疑。随后，庞涓又劝说孙膑不妨回齐国去看看，老实的孙膑如何能想得到庞涓会害自己，还以为是关心呢，于是便向魏王请辞。魏王大怒，下令治孙膑的罪。

不久，庞涓来到狱中见孙膑，说他去向魏王求情，把死罪给免了，但按国法要被处以"膑刑",也就是把膝盖骨割掉。孙膑受刑后成了残废,全仗庞涓悉心照料,他对庞涓感激不已。不久,庞涓求孙膑把祖上的兵法(即《孙子兵法》)传授给他,孙膑想这正是报答庞涓的好机会,于是,他开始书写默记于心的兵法。

庞涓如此陷害孙膑,有一个仆人实在看不下去,便把一切偷偷告知孙膑,孙膑顿如醍醐灌顶。不久,孙膑心生一计,开始装疯卖傻,庞涓不信,叫人把孙膑弄到猪圈里,孙膑一边口出胡言,一边将猪食猪粪土往嘴中塞。孙膑还常爬出庞涓家,或卧在猪圈、或蜷缩在街头。如此这般,终于瞒过庞涓,使他放松了看管。一天,孙膑听说齐国使臣访魏,就偷偷把自己的遭遇告诉齐使,齐使决定把孙膑带回国。第二天深夜,齐使让一个随从换上脏衣服、脸上涂泥、披头散发,装扮成孙膑卧于街边,而将孙膑藏在车里,带出了魏国。

孙膑回国以后,马上受到重用,成为大将军田忌的军师。

公元前354年,庞涓率8万大军攻打赵国,赵国打不过庞涓就向齐国求救。齐王命田忌为统帅、孙膑为军师,出兵8万救赵。田忌打算直接到赵国与庞涓决战,可孙膑觉得庞涓攻赵,国内肯定空虚,不如直捣魏都。田忌对孙膑一向言听计从,于是率军直取魏都大梁。庞涓虽知齐国出兵救赵,也没太在意。直到魏王见齐军滚滚而来,大惊失色,马上派人叫庞涓回救,这时庞涓才慌了神。当他率疲惫之师往回赶的时候,遭到早已埋伏在半路上的齐军围杀,这就是历史上著名的围魏救赵之战,此战魏军大败,仅庞涓逃脱性命。

13年后,即公元前340年,庞涓率10万大军攻打韩国,韩国向齐国求援。齐王命田忌、孙膑领兵救韩。这次,孙膑仍然采用上一次的策略,没有直接去援助韩国,而是去攻打魏国。魏王接受了上次的教训,发现齐军的意图后马上让庞涓领兵返回,同时集齐全国之兵派太子统帅,打算围歼齐军。

魏国军队以剽悍勇猛著称，在数量上又占绝对优势，如果硬碰，齐军不是对手，必须智取。很快，齐军进入魏国境内，第一天，孙膑让造10万个炉灶，第二天就减为5万，第三天又减到3万。魏军素来看不起齐军，认为齐国人胆小不善战，庞涓回撤后见齐军炉灶一天天减少，便认为齐国逃兵一天天增多，轻敌之心骤起，他命令少数精兵随自己日夜兼程追击齐军，主力随后跟进。孙膑计算着庞涓第四天傍晚将到地势险要的马陵，就在这里设下埋伏，并让人刮下路边一棵大树的树皮，写上"庞涓死于此树下"，又命士兵"见火光就放箭"。黄昏时分，庞涓果然领兵到此，山路难行，军队放慢了脚步。庞涓依稀看见路旁一棵大树露出一片白，上面还有字，就让士兵举火把照亮，看到字，庞涓心知中计，可为时已晚。齐军将士见有火光，万箭齐发，庞涓中箭，他自知斗不过孙膑，遂拔剑自杀。

【人物探究】

常言道："识时务者为俊杰"，古往今来多少胸怀大志者，就因不识时务而折戟沉沙。而孙膑绝对懂得审时度势，顺势而变。

1. 识时务

当年孙膑受庞涓迫害，陷于魏国，若是一般莽夫，必定去找庞涓拼命。但孙膑没有与庞涓争一时之长短，为自己雪耻。因为他知道，在魏国，庞涓势大，自己的争斗、抵抗非但无济于事，还会惹来杀身之祸，于是他决定忍了下来，忍人所不忍。

2. 自辱装疯

装疯卖傻是很多智者所采用的生存手段，孙膑也不例外。他在即将交出兵法时，侥幸得知庞涓的诡计，于是索性装疯卖傻，自辱于庞涓面前，使其放松戒备，掉以轻心，终得逃命之机。到了齐国后，才恢复本色大展才华，令蛇蝎心肠的庞涓得到了应有的惩罚。孙膑的隐忍之术着实令人叹服。

孙膑的故事很好地向我们诠释了一个道理——"君子报仇，十年不晚"！当然，这并不是要我们对仇怨斤斤计较，睚眦必报。所谓"君子"，必是道德高尚之人，又怎会抓住一点小小的仇隙，怀恨十年呢？这点事别说是君子，就是一般人也早就淡忘了。我们从孙膑的故事中应该学到的是：分清是非曲直，分清利弊关系，时不利我，便藏锋守拙、韬光养晦，以求后报。待时机成熟之时，再以直报怨，给予那些恶人应有的惩罚。但，还是不要太过分为好。

【谈古论今】

其实，这世间之事是复杂多变的，感情常常左右人们的理智，使人们对复杂多变的形势做出错误的分析和判断。因此，一个被感情左右的人一定是一个不成熟的人，所以在做选择时，要理智分析。正所谓："识时务者为俊杰。"

王翦——临阵索赏，"昧上"避祸

秦始皇手下的大将王翦是一个战功赫赫的人才，始皇十一年，王翦带兵攻打赵国的阏与，不仅攻陷，还一口气拿下了九座城邑。始皇十八年，王翦领兵攻打赵国，只用了一年多的时间就攻占了赵国，逼迫赵王投降，赵国变成了秦国的一个郡。第二年，燕国派荆轲刺杀秦始皇，暴怒的始皇派王翦攻打燕国，王翦顺利地平定了燕国都城蓟胜利而回，燕王喜被迫逃往辽东。

王翦一生征战，因杀戮过重，在现代的一些玄幻小说中，甚至将其喻为鬼王。他始终受到秦始皇的信任和重用，一生都功名显赫。不知情者或许要问，秦始皇疑心、杀心那么重，王翦这样手握重兵的大将何以安然无恙呢？这当然有他的独到之处。

【史事风云】

史料记载，一次，王翦率领60万大军去攻打楚国，秦始皇亲自到灞上相送，他斟了满满一杯酒给王翦，说："老将军请满饮此杯，祝早日平定楚国，到时朕亲自给将军接风洗尘。"

王翦谢过始皇，将酒一饮而尽，说："陛下，战场之上，刀剑无情，老臣临行前有一个请求，不知当说不当说？"

秦始皇说："老将军但说无妨。"

王翦就向秦始皇请求赏赐良田宅园，始皇笑道："老将军是怕穷啊？寡人做君王，还担心没有你的荣华富贵？"

王翦说："做大王的将军，能人太多了，有功最终也得不到封侯，所以大王今天特别赏赐我临别酒饭，我也要趁此机会请求大王的恩赐，这样我的后代子孙就不愁没有家业了。"

秦始皇听了哈哈大笑。

王翦到了潼关，又派使者回朝请求良田赏赐，一连五次。秦始皇身边的人都担心他会发怒，但是秦始皇神色未变，反而看上去有些喜色。

王翦的心腹对他说："将军这样做会不会太过分了？哪有这样朝君主要田要地的？难道不怕皇帝怪罪吗？"

王翦说："不，皇上为人狡诈，不轻信别人。现在他把全国的军队都交到了我手上，心里一定有所顾忌。我多请求田产作为子孙的基业，让他以为我是个贪图钱财的人，而不是贪图王位权势，那他就不会对我有所猜忌了。"

王翦识人精到，而做人的策略更是圆融柔婉，能在猜忌心很重的秦始皇手下得到重用数十年，真的不是件容易的事啊。

【人物探究】

始皇好杀伐，心思多猜忌，治世用重典。能在他手下善始善终的人可谓乏陈可数，但王翦做到了，毫无疑问，而他所采用的正是韬晦之法，用的是柔忍的做人策略，从而保住自己的身家性命。这是明哲保身之道，也是柔忍处世之法。

1. 深知人心

在秦始皇这样的人手下做事，如果不对他的心思揣摩地十之八九，一个不小心就可能身首异处。王翦对于秦始皇的为人、脾气秉性算是足够了解的了——"皇上为人狡诈，不轻信别人。现在他把全国的军队都交到了我手上，心里一定有所顾忌。我多请求田产作为子孙的基业，让他以为我是个贪图钱财的人，而不是贪图王位权势，那他就不会对我有所猜忌了。"

试想，倘若福祸的初始可以被觉察到，那么我们就可以提前预防，并在危险没有形成的时候就避开它。但这绝对是需要大智慧的。通常人们都是在危险萌芽的时候茫然不知，而在危险来临的时候束手无策。若是能像王翦一样掌握柔与忍的做人哲学，在平时就能够谨慎处事，小心做人，敏感地觉察到事物的变化，那就可以把灾祸化于无形了。

2. 自毁形象

自古以来，为人臣子的对于君王来说就像一把双刃剑，用得好了是杀敌防身的利器，用得不好了就是夺权篡位的逆贼。所以当君主的对于战功、军权过大的臣子都免不了猜忌，有时候也难免要杀死有功之臣以防他谋位篡权。

是故，那些名声大、功勋高的重臣大多如履薄冰，一不留心便会惹

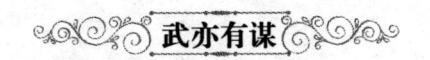

来杀身之祸。王翦虽为武将，但亦深知此理，所以故意展示给嬴政他"贪图钱财"的一面，借以消除皇帝对于自己的戒心，求得后半生的平安。王翦此举不可不谓之高明之至。

【谈古论今】

伴君如伴虎，从古至今大抵如此。对于现代职场人而言，如何把握上司的心思，如何让上司安心地重用你，这是不得不学的功课。当然，或许我们没有必要像王翦一样自毁形象，但慎独慎微、锋芒内敛还是十分必要的。

韩信——檐下低头，忍辱负重

汉初第一名将淮阴侯韩信是一位叱咤风云的人物，他驰骋沙场，逢战必胜，为汉王朝的建立立下了赫赫战功。虽然最后被吕后所诛，但纵观其一生，绝对称得上是一位盖世英豪。

《资治通鉴卷十一·汉纪三·太祖高皇帝中》中有记载：汉高帝六年春正月，高祖刘邦定都洛阳。同一年夏天的五月，高祖在南宫大宴群臣。席间，他询问众臣自己得天下的原因，在没有得到满意的答复之后自己说道："夫运筹帷幄之中，决胜千里之外，吾不如子房；镇国家，抚百姓，给饷馈，不绝粮道，吾不如萧何；连百万之众，战必胜，攻必克，吾不如韩信。三者皆人杰，吾能用之，此吾所以取天下者也。"在这里，刘邦给予了韩信极高的评价，将其赞为"人杰"。

诚如刘邦所言，韩信追随刘邦以后，"涉西河，虏魏王，禽夏说，引兵下井陉，诛成安君，徇赵、胁燕、定齐，南摧楚人之兵二十万，东杀龙且，西向以报引军南下，败项王于垓下"。若无韩信，很难说楚汉之争鹿死谁手。而事实上，在对于这位人杰的众多记载中，最令人耳熟能详的莫过于胯下之辱。

【史事风云】

韩信是破落贵族，很小就失去了双亲。建立军功之前的韩信，既不会经商，又不愿种地，家里也没有什么财产，过着穷困而备受歧视的生活，常常是吃了上顿没下顿。他与当地的一个小官有些交情，于是常到这位小官家中去吃免费饭，可是时间一长，小官的妻子对他很反感，便有意提前吃饭的时间，等韩信来到时已经没饭吃了，于是韩信很恼火，就与这位小官绝交了。

为了生活下去，韩信只好到当地的淮水钓鱼，有位洗衣服的老太太见他没饭吃，便把自己带的饭菜分给他吃，这样一连几十天，韩信很受感动，便对老太太说："总有一天我一定会好好报答你的。"老太太听了很生气，说："你是男子汉大丈夫，不能自己养活自己，我看你可怜才给你饭吃，谁还希望你报答我。"韩信听了很惭愧，立志要做出一番事业来。

有个财大气粗的屠夫看不起韩信这副寒酸迂腐的书生相，故意当众奚落他说："你虽然长得人高马大，又好佩刀带剑，但不过是个胆小鬼罢了。你要是不怕死，就一剑捅了我；要是怕死，就从我裤裆底下钻过去。"说罢，双腿叉开，摆好姿势。

众人一哄而上，想看韩信的笑话。韩信认真地打量着屠夫，韩信分析了一下当时的形势。第一，自己孤身一人，寡不敌众，若是逞强必然吃亏；第二，当时的户籍制度颇为严格，不能随意离开家乡，倘若伤人必然有牢狱之灾；第三，秦朝的法律苛刻，一旦进去了，想活着出来就难了。于是，他弯腰趴在地上，从屠夫裤裆下面钻了过去。街上的人顿时哄然大笑，都说韩信是个胆小鬼。韩信忍气吞声，闭门苦读。几年后，各地爆发反抗秦王朝统治的大起义，韩信相机而动，仗剑从军。

其实韩信是一个很有谋略的人。他看到当时社会正处于改朝换代之际，于是专心研究兵法，练习武艺，相信会有自己的出头之日。公元前209年，全国各地反对秦朝统治的农民起义爆发了，韩信加入其中一支实力较强的军队。军队的首领就是后来成为下个朝代开国皇帝的刘邦。最初，韩信只是做了一个管押运粮草的小官，很不得志。后来他认识了刘邦的谋士萧何，两人经常讨论时事和军事，萧何认识到韩信是一位很有才能的人，于是极力向刘邦推荐，但刘邦仍不肯重用韩信。

一天，心灰意冷的韩信悄悄离开刘邦的军队，投奔别的起义军。萧何得到他离开的消息后，也没向刘邦汇报，赶忙骑马去追韩信。刘邦得到消息，以为是二人逃跑了。过了两天，萧何和韩信回来了，刘邦又惊又喜，责问萧何是怎么回事。萧何说："我是为您追人去了。"刘邦大惑不解："过去逃跑的将领有几十个，你都不去追，为什么单单去追韩信呢？"萧何说："以前逃跑的将领都是平庸之辈，容易得到，至于韩信是难得的奇才。如果您想争夺天下，除了韩信您就再也找不到同您计议大事的人了。"刘邦说："那就让他在你手下做个将领吧"。萧何说："让他做一般的将领，他未必肯留下来。"刘邦说："那就让他做一个军事统帅吧。"从此，韩信由一名运粮官变成了一位将军。在后来帮助刘邦打天下的过程中，他每战必胜，立下了赫赫功勋。

【人物探究】

《周易·系辞》有云："尺蠖之屈，以求信（伸）也；龙蛇之势，以存身也。"其意为：尺蠖的屈退是求得伸进；龙蛇的蛰伏是为了保存自身。

韩信盖世奇才，这样的人大多一身傲骨，更何况，他虽是破落贵族，但毕竟是个士子。谁都知道"士可杀不可辱"，他又何以甘受胯下之辱呢？

可想而知，韩信当时心里必然十分挣扎，他面临两种选择：

1. 一剑了结对方

其结果是按照法律处置，这无异于以盖世将才之命抵偿无知狂徒之身。韩信素来胸怀大志，大志未成身先死这是他绝对难以忍受的。

2. 按对方说的去做

这对于一个男人而言，显然是莫大的耻辱。韩信也要脸面，但他更知道，相对于自己的志向而言，这样的屈辱无足挂齿。所以，他宁愿忍辱负重，也不愿争一时之短长而毁弃自己长远的前程。

可见，韩信的忍耐，不是屈服，而是退让中另谋进取；不是逆来顺受、甘为人奴，而是委小屈求大全。一旦时机到了，就能如同水底潜龙冲腾而起，施展才干，创建功业。所以说，吃"眼前亏"是为了不吃更大的亏，是为了获得更长远的利益和更高的目标。"忍人所不能忍，方能为人所不能为。"看似英勇、心气冲天的人或许是莽夫一个；而忍气吞声、宁吃眼前亏的人才是真正的好汉。

据说韩信叱咤风云之时，曾找过那个屠夫，当时屠夫很是害怕，以为韩信要来报胯下之辱，自认小命不保。没想到韩信并未追究往事，反而对屠夫善待有加，他对屠夫说："没有当年的'胯下之辱'，就没有今天的韩信！"

唯有学会忍辱，才能做到负重，唯有忍才能屈，才能大展宏图。一如韩信自己所说，没有当年忍胯下之辱，哪有后来的齐王楚王？哪有后来的淮阴侯？

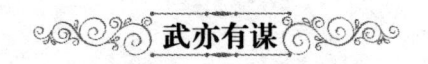

【谈古论今】

人浮于众，众必毁之。一个人若是太扎眼，必然会被周遭之人所仇视、所打压。聪明之人不但要善于守拙，而且在遭受屈辱之时，还要懂得忍耐，以图日后的发展。能够忍辱的人有大作为。

灌婴——退而结网，保身济世

"睢阳丝贩效军中，力战三秦护沛公。淮北击楚俘周兰，斩将杀敌诸侯封。车骑雄狮战垓下，五千铁马截江东。功臣扶主事文帝，余荫后世相汉宫。"——诗中那位斩将杀敌、护住相国的大将正是西汉开国功臣灌婴。

灌婴出身市井商贩，刘邦起兵反秦之初，以内侍中捐官的身份跟随沛公，后因杀敌英勇，护主有功，屡屡升迁，至楚汉之争时，已官至御史大夫。

刘邦称帝以后，灌婴以车骑将军之职随高祖击败反王臧荼的军队。翌年，又随着刘邦率军抵达陈县，降服楚王韩信。班师回朝以后，刘邦剖符为信，使其世世代代不绝，并将颍阴两千五百户赐予灌婴作为食邑，封颍阴侯。

当然，若灌婴只是勇冠三军，那么充其量也不过是个武夫，中国历史上彪勇异常者不乏其人，如吕布、如典韦，虽以武艺称雄，但始终无法让人诚心折服。灌婴则不然，他有勇有谋，出能为将，入能为相，可以说刘氏江山能够安定下来，延续数百年之久，他功不可没。

【史事风云】

公元前 180 年，西汉吕太后死去。当时，诸吕专权，想篡夺刘氏江山已很久了。

齐王刘肥看出了诸吕的野心，一待吕后安葬之后，他便召集心腹手下说："奸人当道，国将危矣，我想起兵讨逆，还望你们为国出力。"

心腹手下没有异议，刘肥立即写信给刘氏诸侯王，控诉诸吕的罪行，并亲自率兵攻打吕氏诸王。

刘肥起兵的消息传到京师，相国吕产十分惊慌，他对吕禄说："刘肥乃汉室宗亲，他带头闹事，恐怕其他刘氏诸王也不安稳，这件事该如何应对呢？"

吕禄说："我们掌握朝政，执掌南军、北军，自不用怕刘肥了。以我之见，我们应该即刻发兵讨伐，消灭刘肥，以绝其他刘氏诸王之念。"

汉朝元老重臣灌婴被委任为讨伐刘肥的主帅，吕产、吕禄还当面对灌婴许诺说："你德高望重，战无不克，朝廷命你出征，相信你一定会灭掉逆贼。回师之日，朝廷会更加倚重于你，绝不食言。"

有人劝灌婴不要挂帅，说："刘氏乃高祖之后，他们看不惯诸吕所为，怎能算逆贼呢？你此去无论成败，都将背上助纣为虐之名，应当力辞不就啊。"

灌婴说："诸吕势大，如果我当面抗命，我死事小，误国事大。他们改派他人，势必有一场大的厮杀，而我却可借机行事，消此巨祸。"

灌婴做出积极备战的样子，诸吕都对他不疑。吕产的一位谋士担心灌婴不忠，于是他向吕产说："灌婴忠心汉室，为人正直，他这样痛快领命，不是很可疑吗？万一他中途有反，我们就被动了。"吕产不以为然，他傲慢地说："我们吕家权倾天下，识时务者是不会和我们作对的。

灌婴在朝日久，此中利害他自会知道，有何担心呢？"

吕产的谋士说："灌婴一旦领兵在外，我们就控制不了他了，难保他不会生变。为了安全起见，大人当派心腹之人征讨才是。"

吕产自恃聪明，拒不接受谋士的劝告。

灌婴率兵到达荥阳，传命就地驻扎，不再前行。不知情的将领追问灌婴缘由，灌婴以各种借口搪塞。私底下，灌婴召集心腹说："诸吕存心篡汉，我们身为汉家臣子，绝不能听命于他们。我现在将大军引领在外，就是威慑诸吕，诸吕都是色厉内荏的小人之辈，有我们在，我想他们是不敢妄动的。"

灌婴驻扎荥阳不动，诸吕果然慌乱起来，吕禄催促吕产谋变，吕产却说："灌婴大军在外，已是我们的敌人了，他这个人善于打仗，我们不是他的对手啊！现在形势大变，于我不利，还是从长计议的好。"

诸吕有了顾忌，灌婴趁机加紧联系刘氏诸王，准备合力讨伐诸吕。他在给刘氏诸王的信中说："诸吕不怕天谴，却怕眼前的祸患，对他们只有合力同心加以讨伐，才是救朝廷的唯一途径。他们并不可怕，可怕的是我们对他们抱有幻想，心怀观望。"

刘氏诸王深受触动，暗中响应。与此同时，京师的太尉周勃和丞相陈平也联起手来，在未央宫捕杀了吕产，继而将吕氏家族一网打尽，安定了汉室江山。

【人物探究】

无谓的意气之争要不得，螳臂挡车很勇敢也很愚蠢，身处弱局时，若不计后果地抗争，便是毫无益处的匹夫之勇。而灌婴处在这种情况下，则是通过审时度势，以变通来化解危机的。

1. 保持原则，目标绝不放弃。灌婴忠于刘氏，这一点是可以肯定的。吕后专权，乃至死后吕氏把持朝政，他虽没有横眉冷对、拔刀相向,但骨子里对于刘邦、对于刘氏江山的忠诚却始终未变,在灌婴看来,无望的抗争,不如默默等待。他知道,"留得青山在,不怕没柴烧"。

2. 以退为进,伺机而动。吕产、吕禄要灌婴领兵讨伐刘肥,刘肥乃刘邦子孙、汉室后裔,起兵之意也是为保刘氏江山,灌婴若讨伐他,岂不是背弃汉室?他当然不会。但问题是他此刻处于弱势,若不应,则灾祸就在眼前,甚至会造成更大的祸端。所以他佯装屈服,将兵权先骗过来,再屯兵于外,威慑吕氏,使其不敢轻举妄动。进一步联络诸王,反退为进,反守为攻,将吕氏连根拔,保住了刘氏江山的安宁。

当局势不利之时,奋起强攻绝非良策,莫不如施展变通之术,做出策略性的让步,即一方面原则仍要坚持,目标仍不放弃,但绝不硬碰硬而徒惹祸患,而是暂退一步,在退的假象下寻找合适的时机。这正是灌婴的过人之处。

【谈古论今】

在事业、工作、生活中,我们常常要向领导让步,向同事让步,向下级让步,向父母让步,向孩子让步,向妻子让步,向自然让步,向对手让步。你做出了让步,并不代表你就是失败者,相反,你却从你的让步中赢得了世界的和平,关系的密切,感情的融洽,这比争一时之气,逞一时之能,是更大的胜利。各行各业的兴旺与成功,上上下下的默契和互动是何等的重要。人类要和谐相处,人与自然和平共处,人类需要这种让步精神。

卫青——居功不傲，谦恭无虞

西汉武帝时期，卫青征讨匈奴的一系列战斗所取得的辉煌战果，显示出了他杰出的军事天才和吃苦耐劳、勇敢无畏的品质。应该说，在开始时汉军并不占优势的情况下，之所以能取得这一系列胜利，与卫青的个人品质和本领以及他的正确决策是密不可分的。卫青的鞍马劳顿，为汉室江山的稳定立下了汗马功劳。由于卫青的胜利，汉朝重新控制了河南、河西等地，并在河南地设立朔方郡，使首都长安有了一定的保障。尤其是经过漠北一战，匈奴实力大伤，从此之后，"匈奴远遁，漠南无王庭"，使汉朝解除了被匈奴持续了近一个世纪的威胁状况。

卫青能够在二十几年的时间内，由一个奴仆当上了大司马大将军，固然同他的国舅身份有关，但更主要的还是凭借了他个人的人品、才干和功业。

而在功成名就、位高权重之后，卫青既没有擅权乱政、胡作非为，也没有被谗被毁、身家难保，这在很大程度上与他的个人品质和为官做人智慧有关。其实早在他的征战之中，卫青就表现出了非同一般的韬晦之谋。

【史事风云】

卫青带兵打仗，不但自身当敌勇敢，身先士卒，冲锋在前，而且号令严明，赏罚公平，治军有方。在公元前124年，卫青出高阙击匈奴有功，汉武帝格外施恩，封其三子为侯。卫青坚辞不受，并说："我待罪军中，全靠皇上神灵，战争取得了胜利，这都是诸将校的功劳。"由于卫青的奏请，随同他出征的十一名将校，才得以封侯赐爵。这里面既有他的姐夫公孙贺、挚友公孙敖，也有李蔡（李广的叔伯兄弟）、李沮、李息、李朔、赵不虞、韩说、豆如意、权孙戎奴等一般僚属。

田仁是卫青的一个侍从，很有胆识，多次跟随卫青从征，立有军功。对于这样一个奴仆，卫青也是有功必赏。他上报朝廷，汉武帝便任命田仁为郎中。

卫青不但不掩他人之功，而且为将清廉不贪。有时候，皇太后赏赐给他的金钱，他也量才均分给部下将吏。

卫青虽然功高一世，位极人臣，却始终忠于朝廷，恪守军人的本分。史称他"以和柔自媚于上"。当然，卫青的自处卑顺，不敢专权，一切以皇帝的意志为转移，是有其历史原因的。比如在汉初，一些裂土受封的侯王，功高震主的将领，大多数招贤养士，培植个人势力，结果都没有好下场。这些人都是卫青的前车之鉴。因此，当苏建劝他效法古时名将，结交宾客，招徕士人，以扩大自己的声望和势力时，卫青马上说："亲待士大夫，选举贤人，罢黜不肖，这些都是皇上的权柄，做臣下的只要奉法遵职就行了，为什么要参与养士呢！"

卫青之所以如此行事，还因为他也有过教训。当年，主父偃初到长安时，曾投在卫青的门下。卫青多次向汉武帝荐举主父偃，皇上根本不予理睬。后来，还是主父偃毛遂自荐，早上投书，傍晚即被召见。主父偃建议汉武帝把豪强富户迁到茂陵，以便朝廷集中控制时，卫青为关东大侠郭解讲情，说郭解家贫，不应在迁徙之列。汉武帝却不软不硬地反驳说："郭解这个贫民，居然有力量让大将军为他求情，这说明他家并不贫。"郭解终究还是被迁到了茂陵。这使得卫青不能不对自己的政治之途倍加谨慎。

卫青不但在政治上忠于朝廷，就是在一些生活私事上，也完全听命于汉武帝，尽量顺应皇帝的心意。

卫青被拜为大将军以后，平阳公主的丈夫曹寿得了恶疾，回到自己的封国。平阳公主只好独居。她同身边的人商量：长安中的列侯，谁可以做她的丈夫。左右的人都说大将军卫青最合适。公主笑着说："他当年是我的骑奴，常常侍候我出出进进的，你们为什么偏偏说他合适呢？"众人赶忙解释说："公主，话可不能这么说。现在大将军的姐姐是皇后，他的三个儿子又都封了侯，富贵甲于天下，您不能再小看他了。"于是，公主同意了，并通过卫皇后示意皇上，汉武帝亲自发话，卫青便由当年的骑奴变成了主人的丈夫。

公元前123年，卫青出兵归来，汉武帝赏赐给他千金。出得宫门，一个素不相识的人，拦住他的车驾，说是有事禀告。卫青便停下车来，这个人走到车旁，对卫青说："现在王夫人正得皇上宠爱，但她的母家很贫穷。如果您能拿出赏赐的一半，送给王夫人的母家，皇上一定会高兴的。"卫青欣然同意了，派人把五百金送到王夫人母家。汉武帝得知后，极为欢心。

卫青虽然声势赫赫，权倾朝野，为人却谦恭退让，礼贤下士。史书上记功，"青仁，喜士退让"。这使得他在仕途上终身无虞，死后得以陪葬在茂陵之旁。

【人物探究】

汉武帝时第一大将卫青，其一生可谓颇具传奇色彩。他从一个寄人篱下饱受欺凌的侯府女仆私生子，成长为抗击匈奴开疆拓土功标青史的大将军；从公主的马夫到公主的驸马，一时权倾朝野，位极人臣。然而，纵使这般，卫青依然能够保持恭谦的本色，不居功自傲，以其小心谨慎的处世风格谋得善终，着实让人敬佩之至。

我们不妨试着分析一下卫青谦卑的由来。

1. 出身。或许，卫青的谦卑与他的出身不无关系。卫青出身十分卑贱，母亲为奴仆，同时自己又是私生子，没有任何地位和名分，因此在他整个少年时期，都处于被欺凌与被侮辱的境况之中。这种经历对他的人生肯定有深远的影响。此时之"卑"，是被迫，也是自觉，这使得他既能忍辱负重，又能刚毅奋发。他因此而养成的有胆有识、吃苦耐劳等优良品质，无疑对他后来的建功立业起到了重大作用。

2. 前车之鉴。汉初，刘邦剪除了不少有可能威胁到自己江山的功臣，延至武帝，因笼络势力、功高震主而遭受横祸者已不在少数。卫青本就有"卑"的性格，对于他而言，从一个马夫荣升为大将军，这是他以前做梦也不敢想的。他对于自己这份得来不易的荣耀与地位倍加珍惜，而且已十分知足。再加上前车之鉴，使得他根本无心也不敢耀武扬威、得陇望蜀。所以，他索性刻意表现出一种看淡功名的样子，做给武帝、也做给同僚们看——我卫青与世无争没什么野心。对于这样的一个人，谁又会处心积虑地加害他呢？

3. 经验教训。汉武帝性格多疑、刚愎自用，又容不得臣下损其颜面，李陵、司马迁都是先例。卫青权倾朝野，多少会受到武帝的猜忌，而且他又碰过两次软钉子，这怎能不令自幼就"卑"的卫青心生余悸，所以他只能更加小心，以保住这得来不易的一切。

很多人身居高位时，都不能够做到处之泰然。他们不是骄横跋扈、盛气凌人，便是志得意满，居功自傲。其实仔细说来，任何一个人所拥有的"功"和"才"，都是建立在别人帮扶的基础上的。是故我们应多学学卫青，才可大但气绝不可粗，可建功绝不能自傲。

【谈古论今】

千古一帝唐太宗李世民曾经告诫臣下："天下太平了，自然骄傲奢侈之风容易出现，骄傲奢侈则会招致危难灭亡。"即——骄至便衰！其

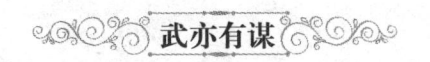

实，这也是现代人的一大弊病，骄横生万恶，是故当我们取得成绩时，千万不要丢了谦卑的本色，倘若你习惯了居功自傲，目中无人，那么终有一天你会反受其害。

邓禹——恬然自守，永耀云台

邓禹是东汉建国的第一功臣，云台二十八将之首。宋代军事理论家何去非甚至将邓禹与萧何相提并论——"昔者汉光武被命更始，安集河北，始得邓禹于徒步之中，恃之以为萧何者，其言足以就大计，其智足以定大业，且非群臣之等夷也。遂以西方之事委之，而禹亦能胜所属，所向就功。"

南宋奇人陈亮说过这样一段话——"自古中兴之盛，无出于光武矣。奋寡而击众，众弱而复强，起身徒步之中甫十余年，大业以济，算计见效，光乎周宣。此虽天命，抑亦人谋乎！何则？有一定之略，然后有一定之功。略者不可以仓促制，而功者不可以侥幸成也。"而这"一定之略"的筹划者，正是邓禹。

邓禹在东汉王朝建立的过程中，可谓居功至伟，此后邓氏满门显贵，在当时是最显赫的大家族——"自邓氏中兴后累世宠贵，凡侯29人，公2人，大将军以下13人，中二千担14人，列校22人，州牧郡守48人，其余侍中、将、大夫、郎、谒者不可胜数。"（邓名世、邓椿哀《古今胜氏书辩证》）

邓氏一族能荣宠至此，除了邓禹所立下的不世功勋以外，当然还与他的处世做人有着莫大关系。

【史事风云】

王莽末年，各地爆发大规模的农民战争，绿林军拥刘玄为更始帝，绿林豪杰知邓禹年少有为、文武兼备，争相举荐，邓禹婉拒。

同年，刘秀入河北抚慰各郡，邓禹得知，立即前往河北追赶刘秀，及至邺城，才与刘秀相见，从此成为刘秀帐下最亲信的臣僚。

邓禹投奔刘秀时，正是刘秀开创自己势力的开始。面对其他兵强马壮的群雄，刘秀几乎什么也没有。邓禹冷静地给刘秀分析了形势，从长远考虑提出了发展自己势力、延揽人才、争取民心的政治主张。这些都成为以后刘秀夺取天下的根本策略。

建武十三年（公元37年），自王莽后期就纷乱的天下终于沉寂了下来。为了表彰那些南征北战、佐定江山的功勋之臣，刘秀大加封赏，增其食邑。邓禹以佐命元勋改封高密侯，食邑四县。

但刘秀为了堵塞少数位尊权重的大臣把持朝政的前朝弊端，加强皇帝个人的权力，对功臣实行以列侯奉朝请的政策，即让他们享受优厚的待遇，而不参与政治。当时功臣能够参议国家大事的仅邓禹等3人。这说明刘秀对邓禹的钟爱和对其才干学识的器重。但邓禹并不以位极人臣、功成名就自喜，从不居功自傲。邓禹深知刘秀不愿让这些功臣拥众京师，高居官位，威胁他的皇权，便主动辞去右将军职位。尽管刘秀令他参与朝政，还常召他入宫中参议国家大事，但邓禹尽量少言多听，收敛锋芒，自我谦抑。他退避名位，在府中悉心读儒学经书，借以自娱。其时，邓禹正当壮年，在政治生涯中却这样过早萎谢了，以至在东汉初年的政治舞台上没有任何建树，这与他的政治天赋和日臻成熟的政治经验形成强烈的反差。

邓禹生活远避奢华，从不倚仗权势搜刮钱财。他在家中的一切用度都取之于封地，从不经营财利和田地以聚敛财富。

在君王和同僚面前，邓禹从不提往年的功劳，保持谦虚的态度。一次朝宴，刘秀大会功臣，问他们："你们如果没有遇到我，爵位会不会像今天这样高？"邓禹回答说："我在少年时代曾读诗书，可以当州郡的文学博士。"刘秀笑笑对其他人说："邓禹未免太谦虚了。"正因为邓禹的谦逊态度和仁厚淳朴，或者说明哲保身，他赢得了刘秀的信赖和敬重。中元元年（公元56年），刘秀打破不让功臣担任宰相的惯例，以邓禹出任代理大司徒之职。

邓禹不仅自己远避名位，深居简出，还悉心教养子孙，整饬家规，不让他们以功臣之子孙自居，躺在前辈的功劳簿上坐享其成。邓禹有子女13人，他都让他们每人学一门安身立命的本领，并教育子孙后代，男儿必须读书，女子则操持家事，邓禹的这些做法被后世的士大夫认为是可以效仿的榜样。

中元二年（公元57年），刘秀死，其子刘庄立。因邓禹是东汉开国元勋，遂被刘庄封为太傅，位居郡国上公，备受尊重。其他大臣都面北朝见天子，而刘庄对邓禹尊如宾客，让他面东站立，不须行君臣大礼。水平元年（公元58年）五月，57岁的邓禹病逝，谥为"元侯"。

后来汉明帝追忆当年随其父皇打下江山的功臣宿将，命绘28位功臣的画像于云台，史称"云台二十八名将"。邓禹因功勋卓著位列首位，得后世永久瞻仰。

【人物探究】

纵观邓禹一生，有很多东西是值得后人学习与借鉴的。

1. 识人独到。刘玄势盛之时，曾招揽邓禹入帐下，但邓禹不以为然。他认为，刘玄庸碌无能，终难成大器。刘秀一到河北，他便急急来投。可见，邓禹当时已认定刘秀有王者之风，所谓良禽择木而栖，邓禹这一次正确的"择木"，算是成就了他一世的功名。

2. 审时度势。所谓"狡兔死，走狗烹"，一个王朝建立以后，那些出生入死、功劳赫赫的谋臣良将，轻则被排挤罢权，重则性命难保。东汉建立以后，刘秀并不愿功臣们影响到他的皇权。但邓禹毕竟功勋卓绝，刘秀即便有排挤他的想法，也怕落人口实。邓禹审时度势，主动辞去右将军一职，恬然自守，尽量不去参与国事。不但为刘秀减去了一块心病，同时也为自己铸造了一块护身符。

3. 自我克制。我们知道，邓禹功勋彪炳，深得刘秀的赏识、信任与器重。刘秀平定天下以后，对于邓禹的宠信有增无减。册封他为高密侯，食邑四县，其弟亦因"爱屋及乌"之故被封为明亲侯。此时的邓氏家族可谓权倾天下、位极人臣，但邓禹并未因此得意忘形，骄横跋扈，没有将自己沉浸在开国元勋第一功臣的盛名中。为了不使自己名声过盛，以致功高震主，招惹刘秀和同僚的嫉妒，他远名势、居安思危，退避名位，收敛锋芒，将自己的政治天赋和日臻成熟的政治经验与自己一起隐藏。在东汉初年的政治舞台上不做任何建树，以避免刘秀的猜忌。

此举果然博得了刘秀的欢心，于是"帝益重之"，因而在中元元年"复行司徒事"。另一方面，邓禹在恬然自守的同时，还不忘教养子孙，整饬家规。这种明智的姿态使上无猜忌，同僚不嫉妒，小人无可乘之隙。不仅明哲保身，而且惠及子孙后代，可谓智者，成为后人效仿的榜样。

【谈古论今】

人最难克制的便是欲望，欲望如沟壑，永难填满，对欲望的过度追求，往往会令人迷失方向，万劫不复。倘若我们都能克制欲望，不去贪求过多的权力、财富……倘若我们都能够知足常乐、恬然自守，在合适的时间只做合适的事情，那么，我们的一生无疑是安宁而快乐的。

羊祜——立身清俭，一生谦让

西晋时的羊祜，其一生并没有建立什么惊天动地的功业，他既不是开国大将，也非治世能臣。然而，他不但生前饱受皇帝、同僚、乃至百姓的宠信、尊敬与爱戴，即便逝后亦备受后世所推崇。

唐代大诗人孟浩然就在自己的诗作《与诸子登岘山》中，对这位西晋名将给予了高度赞扬——

人事有代谢，往来成古今。

江山留胜迹，我辈复登临。

水落鱼梁浅，天寒梦泽深。

羊公碑尚在，读罢泪沾襟。

那么，羊祜这样一个看似平凡的人物，究竟有何等魅力让人们这般推崇他呢？这自然要从他为人为官说起。

【史事风云】

羊祜，字叔子，原费县南城人（今山东费县西南），他出身于名门世家，外公便是东汉大名鼎鼎的蔡邕，其胞姐则是晋景帝司马师的献皇后。他德才兼备，魏末历任中书侍郎、秘书监等职，掌管军事机要。晋武帝时，升任尚书左仆射，卫将军。他不管是为政还是治军，始终重行仁德，谦逊礼让，因此而深受人们敬重，甚至连敌军也对其由衷敬佩。

羊祜年轻之时便已声名远播，曾被荐举为上计吏，州官4次邀请他做从事、秀才，五府也召他出来做官，但均被他一一谢绝了。因此，有人将他比作孔子最得意的门生——谦恭好学的颜回。正始年间，大将军曹爽专权，曾欲启用羊祜和王沈。王沈得信后，满心欢喜地劝羊祜与他一起去应命就职，羊祜对此颇为不然，淡淡答道："委身于人人，谈何容易！"后来，司马懿发动高平陵政变，曹爽失权被诛，王沈受到牵连而被免职。王沈后悔没有听羊祜的话，对他说道："我应该常常记住你以前说的话。"羊祜听后，并没有炫耀自己有先见之明，反而谦虚地表示："这不是预先能想到的。"

晋武帝司马炎称帝以后，鉴于羊祜辅助有功，遂任命他为中军将军，加官散骑常侍，封郡公，食邑三千户。对此，他坚决推辞，于是改封为侯。虽然名位显耀，但羊祜对于王佑、贾充、裴秀等前朝有名望的大臣，一直秉持着谦虚的态度，从不将其视为自己的属下。

晋武帝曾经为羊祜在洛阳建筑豪宅，但羊祜却拒绝了。女婿劝他购置产业以养老，他说："作为大臣去谋私产，这必定会损害公家的利益，这是为人臣子最要忌讳的。"

羊祜经常向晋武帝推荐有德有才的人担任高位，但每次他都将起草的文书烧掉，不让别人知道。有人认为他过于谨慎了，应该让被提拔的人知道是谁推荐的。羊祜说："这是什么话！这不是邀功取宠，期望别人对自己感恩戴德吗？对这些，我避之唯恐不及。身为朝中大臣，不能举荐特异之才，岂不有愧，难道要我承担不善知人的责任吗？像那些在朝上为公卿，出来则到私宅去接受谢恩的事，我是绝不会去做的。"

后来，为表彰羊祜都督荆州诸军事等功劳，皇帝加封他为车骑将军，地位等同三公，羊祜再次上表推辞，他在奏章中写道："臣入仕方十余年，便在陛下的恩宠之下占据如此显要的位置，因此无时无刻不为自己的高位而战战兢兢，荣华对我而言实属忧患。我乃外戚，只因运气好才能事事办得顺利，自当警诫受到过分的宠爱。但陛下屡屡下诏，赐予了我太多的荣耀，这让我怎么承受得起，又怎能心安得了？现在朝中，有不少德才兼备之士，比如光禄大夫李熹高风亮节，鲁艺洁身寡欲，李胤清廉朴素，却还都没有获得高位，而我只是一个无德无能的平庸之辈，地位却在他们之上，这让天下人作何感想？怎能平息天下人的怨愤呢？所以乞望陛下收回成命。"但皇帝没有应允。

羊祜去世后，晋武帝哭得非常哀伤。那天特别冷，晋武帝流下的眼泪沾在须鬓上，都结成了冰。羊祜曾有遗言不让把南城侯印放入棺木。晋武帝说："羊祜坚持谦让已很多年了，现在人死了而谦让的美德还在。如今就按他的意思办，恢复他原来的封号，以彰明他高尚的美德。"荆州百姓听说羊祜去世后，为悼念他而罢市，停止集市交易，街巷中的哭泣之声接连不绝，就连吴国守卫边境的将士们也为此而伤心流泪。因为"屋"、"户"与"祜"字谐音，荆州、襄阳一带的百姓为表示对羊祜的尊敬，避讳羊祜的名字，所以把"屋"改为"门"，把"户曹"改为"辞曹"。羊祜生前曾喜欢游岘山，襄阳百姓便在岘山上为他建庙立碑，一年四季祭祀。望着这座碑的人没有不落泪的，所以人们称这座碑为"堕泪碑"。

【人物探究】

一个人，即便没有什么惊功伟业，但只要能秉持一颗高尚的心做人，想他人之所想，为国为民，鞠躬尽瘁，那么他势必会被历史记住，一如羊祜。

1. 施恩不望报。羊祜身事两朝，手掌要权，地位显赫，但对权势的欲望却非常淡然，但凡举荐某人升迁，事后绝不张扬，以至于很多被举荐者一直不知道羊祜曾有恩于自己。

2. 清廉自谦，为国为民。羊祜一生清廉、俭朴，除官服外，平时只穿素布衣裳，朝廷发放的俸禄也大多用来周济族人或是赏赐军士，家无余财。晋武帝赞他："羊祜一生清廉、谦让，志不可夺。其身虽去，但美德仍在。这便是伯夷、叔齐被尊为贤人,季子能够保全名节的原因所在啊!"

毫无疑问,羊祜这一生是成功的,他的谦恭令天下百姓、满朝文武乃至一国之尊,无不对其敬佩有加。

公正廉明是古代做官的基本要求,对清官来讲,首先是不贪,然后是无私,不贪则廉,无私则公。不论为官或治家,必须以身作则,奉公守法,避免上行下效。持家同样如此。为人应心气平和,保持勤俭节约的传统美德。很多东西从道理上讲人们很清楚,但行动起来确实很难,人们如果能多克服些私欲就可以多存些公德。清俭自律,谦卑退让是羊祜处世立命的准则,亦为后人做出了克己奉公、与人为善的绝好榜样。

【谈古论今】

人这一生有风有浪、有顺有逆、有高有低,只有秉持着谦卑的姿态行走其间,才能顺利通过所有门庭。事实上,羊祜的做法不仅是谦卑退让,与人为善,而且他身居官场,处处都是陷阱,步步都得小心,正如古人所说,如临深渊,如履薄冰。稍不留神,就可能遭遇灭顶之灾,顷刻之间,身毁人亡。所以羊祜从大局着想,还是自律一点好,免得一不留神跌入深渊,万劫不复。

司马懿——如狼之顾,深藏不露

对于司马懿的印象,人们似乎更多关注他与诸葛亮之间的军事斗争。的确,司马懿是个军事奇才,三国时能与诸葛亮一较长短之人,非他莫属。

不过，司马懿更是一个谋略家，他有智谋、善分析、能忍辱、可伏藏，是一个十分了不起的人物。

唐太宗李世民对司马懿有这样一段评价："……司马懿依靠他的聪慧天资，顺时代之要求，辅曹魏，文可治国，武能扬威。他用人求才若渴，胸有城府而难猜测，性情宽和而能容人。表面上看似乎与世无争，实则锋芒内敛，静待时机。外表上总是一副忠心耿耿的模样，其实是为了掩盖内心的诡诈，身处险境，却能处之泰然……"

是故，有人称司马懿为三国时的隐帝，这个称谓看似有些贬义，但却从一个侧面反映出了他在中国历史上举足轻重的地位。

【史事风云】

公元201年，司马懿二十刚出头，血气方刚，初生的牛犊，朝气蓬勃。而这时曹操已击败了北方最强大的敌手袁绍，统一了中国北部，挟天子而令诸侯。曹操对司马懿早有所闻，决定聘请为官。但司马懿见汉朝衰微，曹氏专权，不愿屈节事之，推辞说身患瘫疾，不能起身，加以拒绝。曹操生来机警多疑，马上意识到这个青年必是借故推托，而不应聘正是对他的大不敬，自然十分恼怒。于是马上派人扮作刺客，穿墙越屋来到司马懿的寝室，手挥寒光闪闪的利剑，刺向司马懿。警觉的司马懿觉知刺客到来，立即悟到这是曹操之意，于是将计就计，装着瘫疾在床的样子，毅然放弃了一切逃生、反抗和自卫的努力，安卧不动，任刺客所为。刺客见状认定真是瘫疾无疑，收起利剑，扬长而去。

尽管曹氏诡诈无比，但还是没有狡诈过司马懿，被这位青年蒙混过去。这一招使他不仅逃避了聘征，而且逃避了不受聘将受到的迫害。这一招，需要有在仓促间对刺客来意的准确判断和当机立断的决策，又需要临危不惧、置生死于度外的果敢，真是惊险无比，常人难为。

司马懿躲过这场试探后，非常谨慎而有节制地行事，但最终还是被奸诈而多疑的曹操察觉了，又请他为文学官，还厉声交待使者说："司马懿若仍迟疑不从，就抓起来。"善于审时度势的司马懿判定，若再拒绝，定遭杀身之祸，只能就职。况且此时曹氏专权已成定局，逐鹿中原已稳操胜券。

但曹操对司马懿"内忌而外宽，猜忌多权变"。他听说司马懿有"狼顾相"，为了验证，便不露声色地与其前行，又出其不意地令他向后看，司马懿"面正向后而身不动"，被验证果然有"狼顾相"。据说狼惧怕被袭击，走动时不时回头，人若反顾有异相，若狼的举动，谓之为"狼顾"。司马懿的"狼顾相"就是他为人机警而富于智谋、雄豪豁达、野心很强的表现。

加之曹操又梦到"三马共食一槽"，"槽"与"曹"同音，预示着司马氏将篡夺曹氏权柄。曹操忧心忡忡地对儿子曹丕说："司马懿不是一个甘为臣下的人，将来必定要坏你的事。"意欲除掉他，免得子孙对付不了。但曹丕与司马懿私交甚好，早已经离不开他了，不仅不听父亲劝告，还多方面加以袒护，使司马懿免于一死。

司马懿敏锐地感觉到曹操对他的猜忌，于是马上采取对策。即表现对权势地位无所用心。而"勤于吏职夜以忘寝，至于刍牧之间，悉皆临履"。完全一副胸无大志、目光短浅、孜孜于琐碎事务和眼前利益的样子。曹操这才安下心来，消除了对他的怀疑和警惕，以至于被这位年轻人放的烟幕所迷惑，再一次上当。司马懿此计甚为巧妙。

司马懿生于弱肉强食的时代，立身于相互倾轧的朝廷，因而使他的警觉和疑忌发展到如狼之顾的奇特程度。在曹操死后，他的显赫地位巩固之后，仍无丝毫松懈。当他征辽东灭公孙渊凯旋回来时，有兵不胜寒冷，乞求襦衣，他不答应，对人说："襦衣是国家的，我做臣子的，不能赏与别人，换取感激。"他十分注意避嫌，以至于宁愿士兵受冻也不自作主张发冬衣。他在晚年，功望日盛恭谦愈甚。他经常告诫子弟："道家忌盈满，四时有推移。我家有如此权势，只有损之也许可以免祸。"这种谦卑的言行，正是他"狼顾"般警觉的又一体现。

曹操死后，曹丕嗣位为丞相、魏王，封司马懿为河津亭侯，转丞相长史。公元237年，魏国辽东太守公孙渊发兵叛魏，并自称燕王。公元238年正月，司马懿受诏率师伐辽。魏军很快就拿下襄平，斩了公孙渊。接着司马懿班师回朝。正在途中，三日内，连接五封诏书。等司马懿赶回京城，魏明帝已气息奄奄了，魏明帝拉着司马懿的手，将年仅8岁的太子曹芳托付于他。司马懿痛哭流涕，受遗命与大将军曹爽共同辅政，即日明帝故去。

曹爽是曹魏宗室，外露骄横，内含怯懦，而且华而不实，这就给司马懿造成了机会。

两位辅政大臣，司马懿德高望重，曹爽则年轻浮躁。辅政过程中，二人不断发生矛盾，曹爽对司马懿非常忌恨。为了加强自己的实力，曹爽多次提拔自己的亲信担任京城重要官职，而这些人大多是京城名流，外表风度翩翩，但不具实际政治才能。向来政治家引纳名流，主要是提高自己的声誉，而不是让他们真正参政。曹爽却不懂此道，结果只能是加快了自己的灭亡。

这些人意识到司马懿的才干和资历远非他们可比，便想尽方法排挤他，于是由曹爽奏告小皇帝，说司马懿德高望重，官位却在自己之下，甚感不安，应将他升为大司马。朝臣聚议，以为前几位大司马都死在任上，不太吉利，最后定为太傅。然后曹爽借口太傅位高，命尚书省凡事须先禀告自己，大权遂为其专。

在最初的几年中，曹爽急于安插亲信掌握京城兵权，司马懿则率兵同东吴打了几仗，名声大噪。

曹爽一天天骄横自大，像一只急速膨胀的气球，司马懿却深自抑制，始终保持谦恭。他平时经常教导自己的儿子，凡事都要谦虚退让，就像容器一样，只有永远保持虚空的状态，才能不断接受挑战。从表面上看，曹爽的势力是在扩张，其实内中却潜伏着很深的危机。

到了正始八年（公元247年），曹爽已经基本控制了朝政，京城的禁军，基本上掌握在他的手中。于是朝中的大事，曹爽就很少再同司马懿商量，偶尔司马懿发表些意见，他也根本不听。对此，司马懿似乎并不计较，依然是谦恭的态度。此后不久，他的风瘫病复发了，便回家静养，不再管事。这一病差不多就是一年。

当时，司马懿已经近70岁，在旁人看来，早已是风中之烛。所以曹爽对他的卧病并没有多少疑心，反而觉得这个原以为厉害的对手，到底也没有什么了不起。不过，曹爽总算细心，他的心腹李胜出任荆州刺史时，他还特地让李胜去向司马懿辞行，观察一下司马懿的病到底怎么样了。

李胜来到司马懿府上，被引入内室。司马懿见他进来，叫两个婢女在两旁扶着，才站得起身来，表示礼貌，一边接过一个婢女拿来的外衣，不料手哆哆嗦嗦，衣服又掉在地上。随后坐下，用手指了指嘴，表示要喝水，婢女就端来一碗稀粥。他接过粥送到嘴边，慢慢地喝，只见滴滴答答的汤水往下落，弄得胸口全是汤水。李胜看得心里难过，不觉流下眼泪。司马懿话都说不清了，他断断续续地说："我年老了，精神恍惚，听不清你的话。你回本州为刺史，正是建立功勋的机会，今天与你相别，日后再无相见之日，我那两个儿子，还请你日后多加照看……"

李胜回到曹爽那里，将司马懿的情形一一禀告，最后说："司马公没有多少日子可活了，不足为虑。"这一来，曹爽算是彻底放心了，从此再也不加防备。

嘉平元年（公元249年）正月，皇帝曹芳出城祭高平陵（明帝陵墓），曹爽兄弟也跟随前往，只带了少量的卫兵。他们出城不久，在曹爽府中留守的部将严世忽听得街上有大队人马急速奔走的声音，心中惊疑，立即登楼观望，只见司马懿坐在马上，带着一支军队向皇宫奔去，虽白发飘飘，却是精神矍铄，哪有半点病态！严世知道事情不妙，拿起弓箭对准了司马懿就要射出。边上一人拉住他的手，劝阻道："还不知是怎么回事，切莫胡来。"这样反复三次，司马懿已经远去。

军队开到皇宫前，列成阵势，司马懿匆匆入宫，谒见皇太后郭氏，奏告曹爽有不臣之心，将危害国家，请太后下诏废掉曹氏兄弟。郭太后对国家大事素无所知，又处在司马懿的威逼下，只好按他的意思，叫人写了一道诏书。与此同时，司马懿的儿子司马师、司马昭兄弟带领军队和平时暗中蓄养的敢死之士，已经占领了京城中各处要害，关起了城门。城中的禁卫军，虽说一向归曹爽兄弟指挥，数量也大得多，但群龙无首，再加上司马懿的地位和声望，谁敢动一动？司马懿包围皇宫，取得诏书之后，又马上分派两名大臣持节（代表皇家权威的信物）赶往原属曹爽、曹羲指挥的禁卫军中，夺过了兵权。曹爽多年经营的结果，不过片刻工夫，便化为乌有。

【人物探究】

司马懿的兵变，看起来似乎只是抓住一个并没有多大成功把握的偶然机会，其实是经过长期准备的致命一击，是经历了很久的伏藏以后，厚积薄发的一搏。

1. 第一阶段的伏藏。这时的司马懿或许并没有多大的野心，他的伏藏更多是为了保全名节，不愿屈伸侍曹而已。不过，从他面对刺客的利剑临危不惧、安然不动，暂时骗过曹操这一细节上，我们已能看出他的智慧、他面对大事时的镇定，这样的人必然不会久居人下。

2. 第二阶段的伏藏。这时的司马懿虽已有掌权的野心，但曹操、诸葛亮尚在，他雄才伟略、会军作战不及二人。取曹而代之对他而言时机尚不成熟，稍有疏忽便会被生性多疑的曹操除之。所以，他必须要伏藏，一方面是为了保命，一方面则是在暗中积蓄力量，等待时机。

3. 第三阶段的伏藏。曹操、曹丕死后，天下几乎无人可与司马懿争雄，但老谋深算的他依然稳如泰山。他在曹芳即位后的数年中，不与曹爽争权，却多次率军出征，保持了自己在朝廷的威望，一旦事变发生，就足以威慑群臣众将，使之不敢轻易倒向曹爽。另一方面，他长期的谦恭退让，则助长了曹爽的骄傲自大，使之放松戒备。至于司马懿的装病，不但造成了可乘之机，而且很重要的一点，是保存了司马懿所统领的一支军队。有如上几个条件，那种看起来纯属偶然的机会，实际是必定要到来的。

经过这三个阶段的伏藏，司马懿终于迎来了自己的春天，此时他便不再手下留情——曹爽兄弟及其同党一律处死，他们的家族，无论男女老少，包括已出嫁多年的女子，全部连坐被杀。忍耐、谦让，一旦得手，决不迟疑，斩草除根，不留后患，这才是真正的司马懿。当时被杀的，有许多著名文人，所以世人有"天下名士减半"之叹。

对司马懿来说，除去曹爽，不过是第一步。他一开杀戒，便流血成河，令天地为之震撼。从此，司马家牢牢掌握了政权。司马懿在四年后死去，其子司马师、司马昭相继执政。他们同父亲一样，谦虚恭谨，心狠手辣，先后废掉并杀死曹家三个皇帝，杀了一批又一批反对派。到司马昭之子司马炎（晋武帝）手里，就完成了朝代的更换。

【谈古论今】

在对手面前，尽量把自己的锋芒敛蔽，表面上百依百顺，装出一副为奴为婢的卑恭，使对方不起疑心，一旦时机成熟，即一举如闪电般地

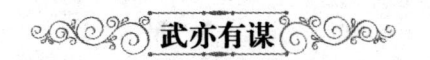

把对手结果了。这是韬晦的心术，人们常常借此自我保全，麻痹对手。"该糊涂的时候就糊涂，该明白的时候要明白"，这是明哲保身、成就事业的一种大智慧。一个人，若能大智若愚、充分运用糊涂学，他的人生就一定会风生水起。

徐达——慎独甚微，独善其身

徐达，明朝第一大将，可以说是明初功臣中最为后人所喜爱的人物。他出身贫民，是朱元璋的幼年玩伴，曾追随朱元璋经历大小无数战役，屡建奇功。在朱元璋推翻元朝统治、消灭各路敌对势力、建立明王朝的过程中，徐达一直任最高军事统帅之职，他"以智勇之资，负柱石之任"，"廓江汉，清淮楚，电扫西浙，席卷中原，威声所振，直连塞外"。他刚毅武勇，持重有谋，功高不矜，名列功臣第一。明洪武十八年，徐达病死，被追封为"中山王"。朱元璋称其为"万里长城"。

朱元璋何许人也？中国历史上最能杀功臣的两个皇帝之一。明王朝建立之初，追随朱元璋的一班文臣武将，几乎被他诛杀殆尽，唯有刘伯温和徐达能逃过此劫，后刘伯温被胡惟庸毒死，可以说徐达是明初众功臣中能够生存下来的一个奇迹。

那么，气量狭小、生性多猜忌、杀人不眨眼的朱元璋何以独独对徐达网开一面呢？我们不妨来看看徐达在朱元璋身边都是怎样做的。

【史事风云】

徐达曾以身换朱元璋到敌营做人质，又为大明的开创建立了不世之功。于是，受到了极高的赏赐，开国后被朱元璋封为太傅、中书右丞相，后又封魏国公，并钦赐其长女嫁燕王为妃，次女嫁代王为妃，三女嫁安王为妃。

纵然地位尊崇之极，但徐达仍然慎独甚微，从不居功自傲。

明初，几乎每逢较大战役，徐达都要被委任为主帅。朱元璋在每次出征前总是会对他说："将在外，君不御，将军认为该如何就如何好了。"话虽每次都这么说，但他却能随时随地控制徐达，他的爪牙无时无刻不在监视着徐达的一举一动。徐达深知其中机关，所以，并不因为朱元璋的那句话而任意妄为，而是每逢稍大一点的事都必派亲信报给朱元璋。

徐达对朱元璋可谓又敬又畏，从不越雷池半步。

有一次，朱元璋召徐达下棋，而且要求徐达使出真本事来对弈，徐达无奈，只得硬着头皮与之下棋。这盘棋从早晨一直下到中午都未能分出胜负。是时，朱元璋连吃徐达两子，正自鸣得意时，而徐达却不再落子。朱元璋以为徐达无棋好走。便得意地问道："将军为何迟疑不前？"徐达则"扑通"一声跪倒在地，答道："请皇上细看全局。"朱元璋仔细一看，才发现棋盘上的棋子已经被徐达摆成了"万岁"二字。朱元璋大为高兴，便把下棋的楼连同莫愁湖花园一起赐给了徐达，那座楼便是后来的胜棋楼。

更难能可贵的是，徐达能够摆脱"乡土情结"的羁绊，坚决不做拉帮结派之事，是故避开了"淮西"这块是非之地。当时，"淮西集团"头目胡惟庸见徐达地位高、威信广，意图结好于他，但徐达对此根本不予理会。胡惟庸又贿赂徐达的亲信福寿，求他帮忙，福寿将此事告知徐达，徐达深恶其为人，于是不时提醒朱元璋：胡惟庸不适合当丞相。后来，胡惟庸因为意图不诡而被诛杀，朱元璋忆及徐达之语，对徐达愈加器重。

纵然徐达对朱元璋忠心不二，恭慎有加，但多疑如朱元璋，仍对他产生过猜忌——因"太阴数犯上将而恶之"（《徐公达神道碑》）。不过，好在徐达在政治上对朱元璋忠贞不二，又不贪不占非常检点，毫无把柄落在朱元璋手中，是故躲过了"飞鸟尽、良弓藏；狡兔死，走狗烹"的劫难。

【人物探究】

通常情况下，人们是不会同一个"温顺"之人计较的，所以，一些识时务的能人俊杰，面对各种可能的嫉妒，常会采取圆滑稳重的处世方法，借以保全自己，以免招来各种暗箭的伤害。徐达就是如此。

1. 他忠贞。他肯置自身性命于不顾，替朱元璋作人质于敌营中，此举对朱元璋而言，无疑是救命之恩。这样忠于自己又对自己有恩的人，朱元璋多少是要留些情面的。

2. 他谨慎。所谓"将在外君命有所不受"，但徐达不，他对朱元璋恭敬有加，唯朱元璋之命是从，即便是下棋这样的"娱乐之事"，徐达也绝不越君臣之礼。这么听话的下属，朱元璋即便想杀，也颇难找出一个恰当的借口。

3. 他不入是非。细看各朝各代，党派之争在所难免。徐达功勋卓著，自然是各权力派系争相结交的对象。但他能够独善其身，不与任何人相交过密，亦不轻易得罪他人，因而未被卷入这是非的旋涡之中。

徐达就是这样战战兢兢、如履薄冰地侍奉着朱元璋，因此他才与蓝玉、李善长、叶升、冯胜、傅友德等人拥有不同的境遇，一直没有受到贬斥和加害，与臣与君的关系都相当不错。假若徐达没有做到韬光养晦，而是居功自傲、得意忘形，那么他就很难善始善终了。

【谈古论今】

俗话说："才高被人忌。"嫉贤妒能是社会通病，即便是在现如今，具有很强嫉妒心理，容不下强者的人也不在少数。在他们看来，下属的成功就意味着自己的失败。面对这样的领导，下属只有韬光养晦才能免遭排斥。

曾国藩——随他任他，善始善终

曾国藩绝对是中国历史上最有影响力的人物之一。他的人生智慧，他的先进思想，深深影响着中国人几代人。如今，虽然曾国藩已然逝去一百余年，但人们在提起他时仍然津津乐道。甚至有人这样评价他："若以人物断代，曾国藩是中国古代历史上的最后一人，近代历史上的第一人。"

亦有论者说："曾国藩事功之大，誉称晚清'中兴名臣'，创办洋务，不愧为洋务派领袖，著作丰富，可当之为学者，研究古文辞，无忝于文人，治军有方，调配得宜，堪与古代兵家相媲美，拥兵而不自重，善权变而又谦退，足见道德修养功夫之深厚；吏治清廉，教养兼施，鞠躬尽瘁，以身作则，不啻为青天，治家有道，关怀子弟，亦为后人楷模。"

就连开国元勋毛泽东都曾表示："愚于近人，独服曾文正。"由此不难看出，曾国藩其人对于中国近代的影响是何其深远。

曾国藩能有如此成就，他的本领之一就在于训练自己的圆通性格，不与普通人一般见识，看透是非纠缠，明晰人生真谛。守住清淡二字，滋养品行，故他总是高人一等。

【史事风云】

曾国藩在长沙的岳麓书院读书时，同学中有一个人个性很急躁，有一天看到曾国藩把书桌放在窗前，就说："你把光线给挡住了，我读书都看不清字了。你快挪开！"曾国藩便把书桌移开了。晚上曾国藩掌灯用功读书，那人又说："平常不念书，半夜三更的却点着灯念书，还让不让人睡觉了？"曾国藩便不出声地默诵。

不久之后，曾国藩中了举人，传报到时，那个人大怒道："这屋子的风水本来是我的，反叫你夺去了。本来该我中举人才是。"在旁的同学听了都觉得气愤，就问他："书案的位置不是你自己放的吗？怎么能怪曾国藩呢？"那个人说："正因如此，才夺了我的风水。"同学都觉得那个人实在不可理喻，无理取闹，替曾国藩抱不平。但是曾国藩却和颜悦色，毫不在意，劝息同学，安慰同室。他以自己的胸襟和涵养平息了同学们的纷争。

当官之后，曾国藩求才心切，因此也有被骗的时候。有一个冒充校官的人，拜访曾国藩，高谈阔论，有不可一世之慨。曾国藩礼贤下士，对投幕的各种人都倾心相接，但是心中不喜欢说大话的人。他见这个人言辞伶俐，心中好奇，当谈论到用人须杜绝欺骗的时候，那个人正色说道："受欺不受欺，全在于自己是何种人。我纵横当世，略有所见，像中堂大人这样至诚盛德者，别人不忍欺；像左公（宗棠）严气正性，别人不敢欺。而其他的人就算不欺骗他，他也会怀疑自己受骗，或者有上了当还不自知的人，也大有人在。"曾国藩察人一向重条理，见此人讲了四种"欺法"，觉得颇有道理，就对他说："你可到军营中，观察一下我所用的人。"

第二天，那个人便去拜见营中文武各官，回来后煞有介事地对曾国藩说："军中多豪杰俊雄之士，但我从中发现有两位君子式的人才。"曾国藩急忙问是何人，那个人就说是涂宗流和郭远堂。这正和曾国藩的看法一致，曾国藩大喜称善，将之待为上宾。但因为一时没有合适的职务，便让他督造船炮。

过了几天，兵卒向曾国藩报告那人偷了造船炮的钱逃走了，请发兵追捕。曾国藩默然良久，说："不要追了。"曾国藩双手持须，说："人不忍欺，人不忍欺。"身边的人听到后想笑又不敢笑。又过了几天，曾国藩旧话重提，幕僚便问为什么不发兵追捕。曾国藩说："现今发、捻交炽，此人其实很有胆识和才华，现在他只是想骗些钱，如果发兵去追，把他逼急了，恐怕会投入敌营，助纣为虐，那为害可就大了。区区之金，与本人受欺之名皆不足道。"

曾国藩曾向门人李鸿章讲过这样一个故事。有一日，他闷闷不乐地散步到郊外，看见一座破庙，就信步走入。

破庙中，一个老僧正拥炉看书，看得津津有味。

曾国藩忍不住上前，想看清那是一本什么书值得这样看。

但就在他刚瞟到书名的那一瞬间，那老僧竟然把书扔进了炉子里。

曾国藩吃了一惊，呆在那里。老僧哈哈大笑，还向曾国藩解释道："我是疯子，我是疯子。"随后进屋睡觉，再不理人。

讲到这里，曾国藩询问李鸿章是否明白疯僧的用意。

李鸿章聪明绝顶，但偏偏不说，假装苦思冥想不得其解，谦虚地说："学生实不知，还是老师为我解惑吧。"

曾国藩微微叹息道："疯僧烧书之举，意在点醒我。"

"哦？"

"那时我什么都想弄明白，其实什么都不明白，疯僧此举看似疯狂，其实用意颇深。他在告诉我：很多事情是永远看不清的，但看不清就看不清，并无大碍。你只管做你自己的事就可以了。"

曾国藩这话看似简单，其实从中悟出了很深道理。曾国藩灭太平天国后，为朝廷所忌，又被天津教案搞得名声很臭，开始时他搞不清楚为什么自己变成这样了，但这时他已看清这一切都很必然，这一切也并不重要。因此他终于彻底放弃功名进取，以善人而善终，可谓有福。

【人物探究】

他强随他强，清风拂山冈，他横随他横，明月照大江！——曾国藩绝对是一个善于打太极拳的大师。他明白：软如藤条，硬如钢条，不在于它们是什么，而在于它们究竟能在什么样的场合发挥何种效用，这便是曾国藩惯用的软硬书，是其刚柔性格的自然反映。

1. 屈伸性格。在这个社会中，胜你一筹的人不在少数，如此你就需要学会以柔克刚、以屈代伸，随时控制和调节自己的情绪。曾国藩就是一个善于屈伸的高手，他把控制恼怒、愤激看做是制服蛇蝎一样重要——"我们兄弟如果想保全性命，也应该把恼怒看得和蝮蛇一样，不能不勇敢驱除。至嘱至嘱。"

曾国藩一生沉浮，更是时时感到来自各个方面的威胁，但是，凭借着这种"将百炼钢化作绕指柔"的功夫，他都能一一应付过来。虽然这种应付有时未免违心，但大丈夫能屈能伸，要的就是这种弹簧似的功夫。

2. 慎独境界。曾国藩是一个追求慎独的人，他认为真正能慎独的人才能成大事。他曾说过："所谓独这个东西，是君子与小人所共有的。当小人独处时，往往会产生一些狂妄的念头，狂妄之念聚得多了，就会产生肆纵，而欺负别人的坏事就发生了。君子独处时产生的念头由其秉性所决定，往往是真诚的，诚实积聚多了就会谨慎，而自己唯恐有错，工夫就下得多了。君子小人在单独处事上距离之差异之点，是可以得到评论的。"因而，他一生注重修养，鲜为外人所伤。

3. 淡泊情怀。曾国藩认为，月亮半圆时是最好的境界，他追求淡然无累、淡然无为，深得庄子真意。他说："人皆为名所驱，为利所驱，而尤为势所驱。"又在一篇日记中写道："今欲去此二病，须在一'淡'字上着意。不特富贵功名及身家之顺遂，子孙之旺否悉由天定，即学问德行之成立与否，亦大半关乎天事，一概淡而忘之，庶此心稍得自在。"身处名利场中的曾国藩，又能时刻戒惧名利，因此他能与名利保持一定的距离，防止自己真正获取成功性格上出现不利因素。

相交以诚，大度宽容，可以使人增加人格魅力，也可以少树仇敌，多交朋友，多获得别人的支持和帮助。做人处世若能像曾国藩那样胸襟坦荡，虚怀若谷，随他任他，就可以使人与人之间以诚相待，互相信赖，博取人们对你的支持和真诚相助，事业就有成功的希望。

【谈古论今】

学会如何做人，心中自然就有了处世的原则和标准。做人能懂得运用柔忍哲学的，处世也就能屈能伸，可进可退。人何必活得那么清醒，自己太累，别人也不舒服。只有糊涂一点，人才会清醒，才会冷静，才会有大气度，才会有宽容之心，才能平静地看待世间这纷纷乱乱的喧嚣，尔虞我诈的争斗；才能超功利，拔世俗，善待世间的一切，才能居闹市而有一颗宁静之心，待人宽容为上，处世从容自如。

乱世英雄

英雄造时势,时势造英雄!每逢乱世,必有人杰涌现而出,在历史舞台上挥舞着智慧的大旗,演绎着惊心动魄的故事!乱世中,每一个脱颖而出的英雄都是智慧的化身,每一次智慧的角逐都是那样惊心动魄。

姬昌——画地食子，终成大业

但凡乱世，多有大智大慧的人杰脱颖而出，以天下为己任，不惜身受百般磨难，救万民于水火之中。姬昌便是这样的一个大人物。

姬昌可以说是历史上一个委曲求全、徐图大志的典型。他生活在一个非常残暴的统治时期，商纣王荒淫无道，多行不义，民怨沸腾。可以说，这对于有志匡扶天下的人而言，正是一个良好的契机。

姬昌的西周便是在此时崛起的，只不过，他的迅速崛起引起了统治者商纣王的警惕，于是，二人之间上演了一幕幕猜忌与反猜忌、迫害与反迫害的传奇故事。最终，姬昌显然更胜一筹，逃离了商纣王的控制，养兵岐山，就此拉开了大周王朝君临天下数百年的序幕。

【史事风云】

商朝末年，帝辛无道，姬昌建西周于岐山下，积善行仁，政化大行，威望渐高，被广称为"圣人"，这对于商王帝辛的统治无疑造成了一定程度的威胁。

是时，崇侯虎向帝辛进谗，他说："西伯侯到处行善，为自己树立威信，诸侯都向往他，这恐怕不利于大王。"帝辛大怒，欲斩西伯侯，后得以幸免。姬昌自感委屈，但他深知与荒淫无道的帝辛讲道理，无异于对牛弹琴，弄不好还会惹来杀身之祸。这种情况下，他只能谨言慎行，却在心理暗暗发誓：不能授柄于帝辛，一定要活着，要留住此身救万民于水火之中。于是，姬昌自动在羑里一个小院里七年未出，直至获帝辛批准才离开此地，这便是"画地为牢"的典出之处。

在姬昌囚禁期间，崇侯虎又进谗言。他劝说帝辛斩草除根，免除后患。但西伯侯声名在外，无端杀戮众心难服。于是二人定下毒计：命令姬昌修书给长子伯邑考，召他来朝歌。倘若姬昌依命，便杀了伯邑考；若不从，便可降罪于姬昌，并借此讨伐周国，永除后患。

姬昌何等聪明！他轻而易举地便识破了二人的阴谋。此时此刻，姬昌内心痛苦异常。他深知，儿子年少气盛，不谙世事，此行必然是凶多吉少。但若不写，不但自己，整个国家都会面临前所未有的灾难。两弊相衡取其轻，大义面前，姬昌还是选择拿起了笔。

伯邑考遵父命来到朝歌。姬昌叫苦不迭。帝辛为辱伯邑考，令他为自己赶马车，伯邑考忍辱而驾。

这时，恶毒的崇侯虎又出毒计："民间都把姬昌称为圣人，圣人理当无所不知，无所不晓。不如我们试试他？"

"怎么试？"荒淫残暴的帝辛来了兴趣。

"杀了伯邑考，剁成肉酱，做成肉羹给他吃！他若真是圣人，就该知道这是自己儿子的肉做成的，必然不肯食用。"

就这样，年纪轻轻的伯邑考死无全尸。

姬昌看着摆在面前的御赐肉羹，肝肠寸断、内心悲愤不已。自己的爱子、西周的未来继承人，为了自己、为了周的百姓，死得竟如此惨烈。而作为父亲，自己又不能表现出一丝的悲愤。更惨绝人寰的是，他还要将儿子的肉一口口咽下去！他几欲控制不住自己。

然而，最终理智还是战胜了仇恨，他端起肉羹，毫无悲伤地大快朵颐，食毕还不忘向来人表达对帝辛的谢意。

帝辛看过姬昌的行为举止，认为他并不像外界传说的那样神乎其神，对自己也没什么二心，遂逐渐放松了对姬昌的戒备。

不多时，姬昌的下属南宫适、太颠、散宜生、闳夭得到帝辛准许，

123

前来探望姬昌。散宜生深知帝辛荒淫好色，便进献美女给帝辛，又暗中贿赂帝辛身边的人。帝辛被一名名叫莘氏的人所迷，下令释放了姬昌，并赐他一系列讨伐不听命诸侯的特权。

　　姬昌与下属为防有变，昼夜兼程赶回周。回国以后，姬昌为了进一步消除帝辛的戒心，便把洛水以西的属地献给帝辛，帝辛于是对姬昌更是不加防范。

　　由此，姬昌便开始了他的宏图大业。他招贤纳士，拜得有治世大才的姜尚为相，治理国家；他开明政治，深得人心，又利用帝辛给的特权，兴有名之师，讨无道诸侯，至其继位43年，周已"三分天下有其二"，成了诸侯国中最强的一股势力，为伐商灭纣做好了充足的准备。

　　略有遗憾的是，就在一切准备就绪之际，姬昌不幸病死，他的次子姬发秉承父业，兴师伐商，一举攻下商都朝歌，开创了大周数百年的基业。

【人物探究】

　　欲成人所不能成之事，必先忍人所不能忍。姬昌的"忍"称得上旷古绝今，古今能忍者，无出其右者。翻读历史，我们不难发现，在姬昌兴周的每一步中，几乎都充斥着一个"忍"字。

　　1. 忍气吞声。当时，周在姬昌的治理之下，虽日趋繁荣强大起来，但若与已统治天下六百年的大商分庭抗礼，条件还不成熟，这一点姬昌心知肚明。毕竟，这时的帝辛在各路诸侯眼中仍是尊贵无比的正统天子；毕竟，这时帝辛与各路诸侯的矛盾仍未达到不可化解的地步。是故，与其背负大逆不道的骂名，被帝辛召集起来的各路诸侯打得国破人亡，还不如先表示屈服，麻痹敌人，静待时机。这时的姬昌虽然对纣王心有不满，但考虑到眼前形势，他一直在忍气吞声，一切以纣王为尊。

　　2. 忍辱负重。人常道"小不忍则乱大谋"。但姬昌的"忍"绝非"小忍"。他忍得辛苦、忍得屈辱，忍得肝肠寸断。七年画地为牢，口食爱子血肉，或许换作他人早已拔刀相向或是精神崩溃。但姬昌明白，倘若此时不忍，则一切都将前功尽弃，是时，七年枉囚、爱子枉死，自己匡扶天下的抱负亦将随之烟消云散。于是，他压抑着巨大的痛楚与愤怒忍了下来。正所谓"皇天不负苦心人"。帝辛在长期囚禁姬昌的过程中，反被他的"苦肉计"所迷惑，最终因贪恋美姬珠玉而放虎归山。

3. 隐忍待发。脱狱后的姬昌仍表现的顺从谦恭，却在暗中培植势力。经过多年的苦心经营，他的实力足以与商王朝分庭抗礼。而此时此刻，帝辛暴政的弊端亦愈发明显，民心离散，皆奉西周之号令。如此一来，帝辛成了真正的"寡人"，西周取商而代之只是时间的问题而已。

忍人所不能忍，趋利避害，这正是周文王姬昌圣明于凡人之处。毫无疑问，正是姬昌画地为牢，口啖子肉，才使他免于受戮，最终成就了西周大业。这其中的道理对于我们而言，是极为受用的。

当我们面对实力依旧强大的对手时，切不可脑门充血，鲁莽挑战，而应像姬昌一样，将自己的锋芒隐藏起来，示敌以弱，并暗中观察对手的弱点。然后抓住弱点做文章，瓦解对方的势力，同时修缮自身，补充实力，有意识地为自己的成功打下基础。唯有如此，我们才能在弱肉强食的竞争环境中脱颖而出，成为笑到最后的人。

【谈古论今】

所谓"决胜利器不可示人"。一个人，倘若不懂得韬晦之道，那么往往会在横空出世之前，便被竞争者、嫉妒者伤得体无完肤，最后"泯然于众人"。而唯有善于隐藏者，才有可能"一遇风雨便成龙"，成为世人公认的成功者或大贤，圣人之剑才藏得最深。韬晦之策，不仅是一种明哲保身的方法，亦是成大事者所必须具备的高深谋略。国学历来讲求"柔忍"，而姬昌一生的谋略正是对"柔忍"之道最好的诠释。以柔克刚，方能制敌于无知之时。

姜子牙——直钩钓鱼，愿者上钩

姜子牙一生的功绩，尤以军事称首。他承前启后，继承并发展了蚩尤、后羿等人的兵法谋略，堪称是周朝以来的"兵祖"或"武祖"。因此司马迁说："后世之言兵及周之阴权皆宗太公为本谋。"可以说，从古至今，姜子牙都是用兵之人的祖师爷。

唐太宗李世民登基以后，出于"安人理国"的政治目的，将自己比为姜子牙的化身，并在磻溪建立太公庙；唐玄宗李隆基登基以后，在开元十九年下圣旨要求天下诸州各建一所太公庙。开元二十七年，唐玄宗追谥姜子牙为"武成王"，自此，姜子牙与文圣孔子并列为"武圣"。宋朝时，姜子牙又被追封为"昭烈武成王"。

至元朝时，民间传说已为姜子牙增添了一抹神话色彩。及至明万历年间，许仲琳撰写《封神演义》，从此，姜子牙由人变成了神，并被世人尊为"神上神"。而且，姜子牙不仅被兵家尊为祖师爷，就连儒、道、法、纵横诸家皆追他为本家人物，于是姜子牙又被称为"百家宗师"；据资料考证，我国有一百多个姓氏出自姜子牙，嫡系为齐国姜氏后裔，是故，姜子牙又被尊为"百姓之祖"。

其实，姜子牙是十足的大器晚成。他大半生都在穷困潦倒中度过，宰过牛、卖过面，直至两鬓斑白的垂暮之年，才借垂钓之名，得到周文王姬昌的赏识，使自己的才华得到施展。即所谓的"姜子牙直钩钓鱼"，而他这"钓"可谓是大藏玄机。

【史事风云】

商朝末期，壮心不已的姜尚，获悉姬昌为了治国兴邦，正在广求天下贤能之士，便毅然离开商朝，来到渭水之滨的西周领地，栖身于磻溪，终日以垂钓为事，以静观世态的变化，待机出山。

一般人，钓鱼都是用弯钩，上面接着有香味的饵，然后把它沉在水里，诱骗鱼儿上钩。但太公的钓钩是直的，上面不挂鱼饵，也不沉到水里，并且离水面三尺高。他一边高高举起钓竿，一边自言自语道："不想活的鱼儿呀，你们愿意的话，就自己上钩吧！"

一天，有个打柴的来到溪边，见太公用不放鱼饵的直钩在水面上钓鱼，便对他说："老先生，像你这样钓鱼，一百年也钓不到一条鱼的！"

太公举了举钓竿，说："对你说实话吧！我不是为了钓到鱼，而是为了钓到王与侯！"

太公奇特的钓鱼方法，终于传到了姬昌那里。姬昌知道后，派一名士兵去叫他来。但太公并不理睬这个士兵，只顾自己钓鱼，并道："钓啊，钓啊，鱼儿不上钩，虾儿来胡闹！"姬昌听了士兵的禀报后，改派一名官员去请太公来。可是太公依然不搭理，边钓边说："钓啊，钓啊，大鱼不上钩，小鱼别胡闹！"姬昌这才意识到，这个钓者必是位贤才，要亲自去请他才对。于是他吃了三天素，洗了澡换了衣服，带着厚礼，前往磻溪去太公。二人不期而遇，谈得十分投机。姬昌见姜尚学识渊博，便向他请教治国兴邦的良策，姜尚当即提出了"三常"之说："一曰君以举贤为常，二曰官以任贤为常，三曰士以敬贤为常。"意思是，要治国兴邦，必须以贤为本，重视发掘、使用人才。姬昌听后甚喜，说道："我先君太公预言：'当有圣人至周，周才得以兴盛。'您就是那位圣人吧？我太公望子（盼望先生）久矣！"

太公见他诚心诚意来聘请自己，便答应为他效力。于是，姬昌亲自把姜尚扶上车辇，一起回宫，拜为太师，称"太公望"。从此，英雄有了。

后来，姜尚文王，兴邦立国，还帮助文王的儿子武王，灭掉了商朝，被武王封于齐地，实现了自己建功立业的愿望。

【人物探究】

当时的姜子牙知道自己并不具备出众的优势：一是已年近八十；二是没有名气。在这两个前提下去投奔未必会得到重用。多年的人生经历使他选择了用垂钓之"行"，亮出自己未逢明君则避世江湖脱俗出世的政治态度。这种"自荐"方式也含有深层次的双向选择的用意，如果不是心怀灭商大志的明君，自然不为其行其言所动。当周文王听姜子牙的事迹后，求才若渴的周文王自然不会放过眼前的人才。姜子牙于是成功地钓到周文王这条"大鱼"。

从现代人的角度来看，姜子牙直钩钓鱼，起码包含以下三层含义：

1. 鱼，你心甘情愿被我钓。你是一条聪明的"鱼"，你知道咬我的钩会对你有帮助，所以我不需要主动去找鱼饵而且只用直钩，你自己就会来咬钩，不是我的强迫、不是我的引诱，完全是你自愿而为，这就叫做愿者上钩，这是直钩钓鱼的第一层含义，是最基本的，也是最为透彻的。

2. 鱼，我姜子牙想钓你。是的，我姜子牙钓鱼的目的就是为了引起别人的注意。我用这种不同寻常的方式钓鱼，别人就一定会认为我不同寻常，这正是我的目的所在。

3. 鱼，我姜子牙想钓你，你也愿意被我钓。鱼，我钓你是为了让自己的一身本领有用武之地，而你让我钓，也可以鱼跃龙门。我们这叫互利互惠，互助共赢。

这就是所谓的"姜子牙钓鱼——愿者上钩"。作为人才，他不主动

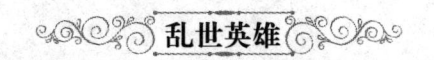

去投靠周文王，是为了显示自己的不同之处；垂钓渭水，是为了吸引周文王的注意力。最终，姜子牙得偿所愿，钓得了周文王这条大鱼，开始了自己名垂千古的政治生涯。

【谈古论今】

世人都有这样一个共性：越是面对神秘的事物，越是充满了期待，总是欲一睹真容而后快。所以，那些聪明人往往会刻意为自己制造一些神秘感，让人产生一种"雾中花"、"水中月"的感觉，从而激起人们对自己的关注。也许你会认为，这是在故弄玄虚，大耍心计，但你必须承认，这有时确实使自己受益匪浅，确实能令你走得更加顺风顺水。

勾践——卧薪尝胆，兴越灭吴

越王勾践是春秋时期最后一个霸主，他所建立的功业或许并不惊人，他对于历史的影响或许也不甚深远。他之所以能够令世人津津乐道又记忆犹新，是因为他曾与吴王夫差展开了一场谋略大战。

在这场智慧的角逐中，有金钱的利诱、有美女的诱惑，有离间、有逢迎，更多的则是屈辱。毫无疑问，这场暗战最终的胜者便是勾践，为了这朝思暮想的胜利，他所做的何止是"卧薪尝胆"这么简单，以国君之躯寄人篱下、侍奉他人，可以说勾践的隐忍达到了一个极高的境界，他为理想所付出的一切，远非常人所能比。

【史事风云】

周敬王二十四年，吴王阖闾统领大军亲征越国，越王勾践迎战。这次战争，以吴王阖闾大败而告终。阖闾在退兵回吴的途中，由于伤重恶化，而命殒黄泉。

阖闾死后，太子夫差接替了王位，服丧期间，夫差念念不忘杀父之仇，并对天盟誓："一定要灭掉越国，为父报仇！"为了实现自己的誓言，坚定复仇的决心，夫差派人站在他每天出入的门旁，见到夫差时就高喊："夫差，你难道忘记了杀父之仇吗？"夫差含泪答道："杀父之仇，不敢忘记！"

为了早日实现复仇的愿望，夫差日夜操练兵马，储备粮草，铸造武器。经过三年多的充分准备，于周敬王二十七年，决定由大将伍子胥和伯嚭吉率军30万，向越国进攻。

越王勾践不听范蠡和文种的劝告，率兵迎战，结果两军大战之下，越军兵士死伤无数，战败已成定局。勾践见大势已去，只好在众臣的保护下，仓皇逃跑，吴军势如破竹，穷追不舍，将勾践藏身的会稽山围得水泄不通。勾践束手无策，只得向大臣们寻求解困的良策，文种说："如今之计，唯有求和。"勾践叹气说："吴军已获全胜，此时又怎么会答应我们讲和呢？"文种说："吴国的太宰伯嚭，是个贪财好色之徒。只需以重金和美女贿赂于他，求和就大有希望。吴王夫差十分宠信伯嚭，对他言听计从，只要他出面向吴王夫差说几句好话，求和之事，不怕夫差不同意。"

果然，伯嚭收下了美女和珠宝后，便向夫差建议同意越国的求和。夫差终于没有抗拒住伯嚭的花言巧语，同意了越国的求和，但提出要越王勾践夫妻去吴国做人质。勾践无奈，为了生存，更为了日后复国大计，只好遵照夫差的要求，厚起脸皮，放下国君的架子，带着王后和大臣范蠡，来到吴国。

到了吴国以后，勾践将带来的金银宝玉全部送给了夫差和吴国的大臣，自己住的是低矮的石屋，吃的是糠皮和野菜，穿的是连身体都遮不住的粗布衣裳，每天勤勤恳恳地打柴、洗衣、养猪，像奴隶一样，毫无怨言。

每过一段时间，夫差就要亲自巡视一番，看到勾践他们一直是这个样子，也就不再有所顾忌，认为他们之所以能这样，是由于困苦和劳作，已经将他们折磨得麻木了，这样的人，还有什么值得提防的呢？

勾践在吴国两年多的时间里，一直忍辱负重，还不断让人贿赂太宰伯嚭，每次伯嚭收到越国送来的礼物后，都要去夫差面前，为勾践说情。时间长了，夫差也觉得即使放了勾践，也不会对吴国造成威胁。有一次伯嚭为勾践讲情的时候，夫差就透露了想放勾践回国的想法。但这个念头被伍子胥的一番慷慨陈词给打消了。

一天，勾践听说夫差生病了，就向太宰伯嚭请求探望，伯嚭奏请夫差，获得准许后，带着勾践来到了夫差的病榻前。勾践一到夫差面前，就赶紧伏地而跪，说道："听说大王病了，我心中万分着急，特意奏请前来探望。我略懂一些医术，可以为大王诊断病情，希望能得到大王的允许，也可借此表我效忠之心。"

这时，正赶上夫差要解大便，勾践等人都退到屋外，再次回到屋内时，勾践拿起夫差的粪便，仔细品味，品尝后，勾践伏地称贺："大王的病就要痊愈了。我刚才尝出大王的粪便是苦味，这预示病情好转。"

夫差见勾践对自己忠心到如此地步，非常感动，当即表示，病好后就送勾践回国。

勾践回国后一方面送出西施等美女迷惑夫差，一方面励精图治重整旗鼓，他为了不忘记在吴国的耻辱，就睡在柴薪上，吃饭的时候还要先尝一下苦胆，他和大臣亲自下田耕作，王后则亲自纺纱织布。在这种激励下，越国迅速恢复了元气，勾践终于重振雄风打败了夫差，一雪在吴国受到的屈辱。

【人物探究】

卧薪尝胆的故事大家早已耳熟能详，在这里，我们不妨再谈谈勾践的生存策略。

1. 抓住敌人的痒痒肉。吴王夫差虽有称霸之能，但其本性里却极为好色。勾践听从范蠡建议，以珠宝、美女（尤以西施为最）进之，夫差果然笑纳，并没有对勾践赶尽杀绝，这一线生机对于勾践而言是极为重要的，内有西施魅惑，外有范蠡等人的策划，勾践从这一刻起便忍辱负重，慢慢筹划着他的灭吴大计。

2. 超人的忍耐力。作为一方霸主，屈身事敌，以奴仆自居，卧薪尝胆，忍辱尝便，这需要何等的忍耐？试想，倘若当时勾践没有超人的毅力和忍耐力，他能不能挺过那屈辱的三年？若是他没有向夫差示以柔顺恭谨，他能不能得到夫差的信任？如此一来，不仅越国复国无望，恐怕勾践自己的性命也堪忧。

其实，在现实生活中，我们每个人都可能会遭遇到困境，唯有常怀柔忍之心的人才有可能挺过难关，成就大业。无论是示敌以弱，还是韬光养晦，都是做人的奥妙所在。

【谈古论今】

一般来说，能忍辱者可分为两种：其一，真正胆小懦弱之人，见势则怕，苟求安稳，往往为人所轻视；其二，为达己任，忍辱负重，伺机成大业者。毋庸置疑，后者忍辱并非胆怯，而是"忍"有所图，乃是成大事者的一种谋略，一如勾践，更值得我们学习。

乱世英雄

范蠡——急流勇退，齐家保身

据说，某日越国大夫文种来到宛县，闻听此处有一人时痴时醒。于是猜想此人定非等闲之辈，便派遣一名随身小吏前往拜谒。不久，小吏回报道："那人是个狂夫，生来就有此病。"文种笑着说道："我听说，一个博学多才之人，多半会被俗人讥笑为狂人，因为他对世事的见解与众不同，智慧超群，非常人所能理解。"随后，文种亲自前往狂生的住处拜访，谁知那狂生始终避而不见。但文种并不放弃，一再登门，那狂生有感于文种诚意，便对其兄嫂说："近日有客，请借衣冠相候。"不久，文种再次前来。二人竟然一见如故，促膝长谈，纵论天下形势，高谈富国强兵之道，甚是投机，大有相见恨晚之感。

这狂人便是范蠡。他年少时便已显露圣贤之资，他卓尔不群、隐身待时。在文种的盛情相邀之下，决定出山辅助越王勾践问鼎中原。就此走上了辅越平吴的坎坷之路。

不过，范蠡更为世人所称道的是，他颇有先见之明，功成之后则泛舟五湖，因而得以善始善终。《越绝书》中对文种、范蠡二人有评价曰："种善图始，蠡能虑终。"诗人汪遵对于范蠡更是满口溢美之词——"已立平吴霸越功，片帆高飐五湖风。"表达了诗人对于这位春秋智士的钦佩之情。

的确，范蠡绝对是春秋时期少见的智士能臣，其一身的大智慧至今仍被后人津津乐道。

133

【史事风云】

春秋时期，越王勾践战败后，大夫范蠡劝谏并主动跟随越王臣事吴王。勾践在质吴数年之后，终于回到故国。勾践念念不忘亡国之耻，一心想要复仇雪恨，在范蠡和文种的辅佐下，他卧薪尝胆、励精图治，终于使越国复兴强盛。

周敬王三十八年（公元前482年），夫差亲率国中精兵由邗沟北上，大会诸侯于黄池（今河南封丘县西南），准备与晋国争做天下霸主，国内仅留下太子友和王子地及老弱病残者居守。于是，勾践又召范蠡问道："你看现在可以兴兵伐吴了吧？"范蠡说："唯君命是从！顺时成事，犹如救火，当果决疾行，唯恐不及。"勾践大悦，下令兴师伐吴。

是年六月，越军派出流放的罪人二千人，经过训练的精兵四万人，贤良六千人，军官一千余人，兵分两路，向吴国发起进攻，一路由海道迂回入淮河，切断吴王的归路；一路从陆路北上，直捣吴国都城姑苏（今江苏苏州）。越兵训练多年，武器精良，将士同仇敌忾，双方交战后，吴兵顿时阵势大乱，太子友身陷重围，身中数箭，倒地而死。王子地慌忙命人关紧城门，率民夫上城把守，同时派人到夫差处告急。

吴王夫差闻知越国兴师伐吴，又急又恨，但又唯恐这一凶信泄露出去会动摇他刚刚得到的霸主地位，于是暗遣使者，一如越国当年兵败椒山一样，卑辞厚礼，请求勾践赦免吴国。范蠡见勾践犹豫不决，劝道："目前还难以使吴国彻底灭亡，大王可以姑且准和，等待时机再给予毁灭性的打击。"于是，勾践依计而行，赦吴班师。

吴王夫差获得喘息机会，佯装"息民不戒"，表示放弃武力报复越国，实则欲施勾践故智，暗做准备，伺机东山再起。这一点越国君臣心里十分明白，采取了积极备战的方针，四年以后，即周敬王四十二年（公元前478年），越军再次兴兵伐吴，越、吴两军在笠泽（今江苏吴江）夹江对阵。此时的吴国已非同往昔，在北上伐齐、晋战役中，损失了一部分精锐兵力，在同越国作战中，又消耗了一部分兵力，国力大大削弱。再加上吴国多年不修内政，连年灾荒，民穷财乏。结果一战即败。越军乘胜挥师，将吴都姑苏团团围住。勾践依范蠡之计，高筑营垒，围而不战，竟达三年之久。

周元王元年（即公元前475年），越王勾践增调大军继续围吴。为了激励全军将士奋勇杀敌，勾践诏示军中：父子俱在军中者，父归；兄弟俱在军中者，兄归；独生子者，归养；有疾病者，给以医药治疗。军中闻令欢声如雷，个个感奋忘死，拼死向前，军威空前强盛。这样，至周元王三年（公元前473年），吴王夫差在越军的强大攻势下，势穷力尽，退守于姑苏孤城，再派人向勾践求和，恳求勾践像当年会稽被赦一样，赦免吴王。勾践不忍，有意准降。站在一旁的范蠡连忙劝道："当年大王兵败会稽，天以越赐吴，吴国不取，致有今日。现在天又以吴赐越，越岂可逆天行事？况且，大王早晚勤劳国事，不是为了报吴国的仇吗？难道大王忘了昔日的困辱了吗？"接着范蠡当机立断，对吴使说："越王已任政于我，使者如不尽快离开，我将失礼，有所得罪了！"说罢，他击鼓传令，大张声势。吴使知求和无望，痛哭流涕而去。

不久，越军攻入姑苏城，吴国灭亡。勾践下令诛杀了奸臣伯嚭并派人对吴王夫差说："寡人考虑到昔日之情，可免你一死。你可到甬东（会稽以东的一个海中小洲）一隅之地，君临百家，作为衣食之费。"夫差对来人说："我老了，不能再侍候大王。"他难当此辱，悔恨交加，待来人退去，哭着对左右说道："我深悔当初不听子胥之言，死后还有什么面目和这些忠良之士相见呢？"于是用三寸帛掩住脸面，拔剑自刎。

灭吴之后，越王勾践率兵北渡淮河，与齐、晋等诸侯会盟于徐州（今山东滕县南），同时纳贡于周。周元王派人赐勾践衮冕、圭璧、彤弓、弧矢，命为东方之伯。当此之时，越军横行于江淮之间，诸侯见其势大，尽皆悦服，尊越为霸，成为春秋战国之交争雄于天下的强国。勾践兴越灭吴，报了会稽之耻。范蠡"苦身戮力"，与之"深谋二十余年"，立有汗马功劳，被尊为上将军，功成名就。

但此时的范蠡并没有被功勋荣誉冲昏头脑。他居安思危，位尊不贪恋，以为盛名之下，难以久居，应该适时而退，他久随勾践，竭诚辅佐，然而在长期共处中，对勾践的为人有非常深刻的认识。在范蠡看来，在以往的艰难日子里，勾践身处逆境，吃尽苦头，虽能忍辱负重，礼贤下士，辛勤工作，表现出英明君主的风度，但他有一个很大的弱点，即"可与同患，难以处安"。在灭吴之后的一次庆祝胜利酒会上，群臣毕贺，颂赞君臣协力，国家万福，"大悦而笑"。可是越王勾践却表现异常，时而"默默无言"，时而"面无喜色"。眼光敏锐的范蠡马上意识到这是一个危险的信号，他料定勾践为了扩展疆土可以不惜群臣的生命，如今谋成国定，也不愿意就这样返国和封赏功臣了。因此，与勾践再相处下去，是很危险的。于是他毅然向勾践请辞，并得到允许。

范蠡离开越国以后，想起对自己有知遇之恩的文种，于是投书一封，规劝道："狡兔死，走狗烹；飞鸟尽，良弓藏；敌国破，谋臣亡。越王为人，长颈鸟喙，可与共患难，不可与共荣乐，先生何不速速出走？"文种看罢范蠡来信，有感于此，便托病不朝。然而，一切都已晚矣，勾践深知文种之能，认为灭吴以后再无所用，又恐他一旦为乱，无人可制。恰巧此时，有人诬告文种图谋作乱，勾践便赐给文种一柄剑，文种取剑一看，只见剑匣上刻有"属镂"二字，知是当年吴王赐给伍子胥自裁的那柄剑，于是悲愤难抑，仰天长叹，拔剑自刎。

后来，范蠡辗转来到齐国，变姓名为鸱夷子皮，带领儿子和门徒在海边结庐而居。戮力垦荒耕作，兼营副业并经商，没有几年，就积累了数千万家产。他仗义疏财，施善乡梓，范蠡的贤明能干被齐人赏识，齐王把他请进国都临淄，拜为主持政务的相国。他喟然感叹："居官致于卿相，治家能致千金；对于一个白手起家的布衣来讲，已经到了极点。久受尊名，恐怕不是吉祥的征兆。"于是，才三年，他再次急流勇退，向齐王归还了相印，散尽家财给知交和老乡。一身布衣，范蠡第三次迁徙至陶（今山东肥城陶山，或山东定陶），在这个居于"天下之中"（陶地东邻齐、鲁，西接秦、郑，北通晋、燕，南连楚、越）的最佳经商之地，操计然之术（根据时节、气候、民情、风俗等，人弃我取、人取我与、顺其自然、待机而动）。又一说为在宜兴制陶，无锡五里湖养鱼以治产，没出几年，经商积资又成巨富，遂自号陶朱公，当地民众皆尊陶朱公为财神，乃我国道德经商儒商之鼻祖。

【人物探究】

毋庸置疑，范蠡是古人中的智者。他的选择虽有些无奈，但却为自己留下了永久的美丽。相对于那些不懂退避、硬充好汉的人而言，他才是英雄，因为他有勇气放下令人艳羡的光环，留给了世人一个睿智的微笑。

1. 他深谙世事，洞悉君王心术。范蠡懂得，只有在敌国存在的环境中，君主心目中才有谋臣的价值，敌国破亡了，客观环境变化了，谋臣的价值就会自然丧失，一个没有价值的智谋之士必然被君王视作威胁统治的心头祸患。这一现象不是根源于某一君主的心术，而是君主专制制度下政治运动的一条规律。能够明察天人之道、隐居一方，以避免成为下一步政治斗争的牺牲品，越王另一功臣文种的最终遭遇从反面说明了范蠡这一选择的正确性。

2. 不恋名利，善于谋后。一个成熟的人应该知道恰当地表现自己。明人许相卿说："富贵怕见花开。"此语殊有意味。言已开则谢，适可喜正可惧。做人要有一种自惕惕人的心情，得意时莫忘回头，着手处当留余步。此所谓"知足常足，终身不辱，知止常止，终身不齿"。宋人李若拙因仕海沉浮，作《五知先生传》，谓做人当知时、知难、知命、知退、知足，时人以为智见，反其道而行，结果必适得其反。范蠡不恋名利，弃官从商，为求避世，三散家财，最后得以终身；文种在名利面前有所犹疑，悔之晚矣，只落得个饮剑自尽的下场。此二人，足以令中国历史臣宦者为戒。不过，痴人的不幸往往就在于"不识庐山真面目"。

【谈古论今】

君子好名，小人爱利，人一旦为名利驱使，往往身不由己，只知进，不知退。尤其在中国古代的政治生活中，不懂得适可而止，见好便收，无疑是临渊纵马。中国的君王，大多数可与同患，难与处安。所以做臣下的在大名之下，往往难以久居。故老子早就有言在先："功名，名遂，身退。"

曹操——"尊王攘夷"，唯才是举

从古至今，人们对于曹操的评价都存在很大分歧。三国演义中几乎将其描写成为一个大奸大恶之徒，这未免有失偏颇。曹操是个奸臣不假，他打着汉室的旗号东征西讨，玩弄权术，完全是为了扩充自己的势力，所以说他是个权臣，是个奸臣。类似于他这种人后世还有很多，曹操简直可以说是他们的鼻祖。

但话又说回来，曹操其人虽奸，但在政治上的功绩还是不凡的。他在北方屯田，兴修水利，使军粮匮乏的问题得到了解决，同时对于恢复农业生产也产生了一定的积极作用；他唯才是举，打破门第观念，抑制豪强，加强中央集权。他当权期间，所统治的区域社会经济得到恢复和发展。

陈寿在《三国志》中评价曹操道："汉末，天下大乱，雄豪并起，而袁绍虎视四州，强盛莫敌。太祖运筹演谋，鞭挞宇内，揽申、商之法术，该韩、白之奇策，官方授材，各因其器，矫情任算，不念旧恶，终能总御皇机，克成洪业者，唯其明略最优也。抑可谓非常之人，超世之杰矣。"说曹操是超世之杰，似乎并不为过，虽然他的手法有欠光明磊落，但却非常具有实用性。当时有意篡汉的诸侯可谓不少，为何最终只有曹操一家独大？这显然与曹操过人一筹的策略是分不开的。

【史事风云】

曹操初得兖州之时，谋士毛玠建议"奉天子以令诸侯"。曹操并无忠于汉室之心，但深知个中利弊，因为力量薄弱，兖州长安，关山遥遥，所以只是派遣使者虚致殷勤而已。献帝回转洛阳途中，荀彧立刻建议迎献帝至许都（河南许昌）。告诫曹操，若不及早下手，他人捷足先登，就悔之晚矣。荀彧并非虚声恫吓，当献帝还在关中时，幽州牧刘虞就想派兵迎接。由于公孙瓒和袁术的破坏，没有成功。献帝辗转河东，田丰和沮授相继劝告袁绍把献帝接到邺城来，但袁绍过去反对过册立献帝，企图拥立刘虞，更顾忌献帝来后，碍于君臣名义，就得事事奏请，处处受制；许多谋士武将也竭力反对，没有接受。曹操属下也颇多争议，武将们反对尤烈。荀彧指出，奉迎献帝至少有三大好处：一，可以顺应民心。二，可以招致大批人才。三，可以名正言顺地发号施令，讨伐异己。程昱也竭力赞成。曹操乃于建安元年遣曹洪西迎，遭董承和袁术部将苌奴的阻击，未成。7月，献帝到洛阳，曹操亲自出动。议郎董昭利用韩暹、杨奉、董承和张杨间的矛盾，假借曹操名义，致书兵力最强的杨奉，诱以接济粮草、生死与共的好处，劝杨奉不要阻挠。杨奉上当，曹操顺利进入洛阳，借口洛阳残破，立刻把献帝接到了许都。自此，献帝成了曹操的傀儡，曹操取得了挟天子以令诸侯的强大政治优势。

如果说，曹操在创业之初，地位未显时，多用招降纳叛等手段网罗人才，那么，在他有了显赫地位之后，便凭借手中的权力，公开树起了不拘微贱，不看身世，只要有才便吸收录用的原则。由于曹操求贤若渴，"唯才是举"，从而吸引了大批有志之士从四面八方投奔曹操，形成了曹魏政权鼎盛时雄兵百万，战将千员的局面。正是他有雄厚的人才阵营，才能在19年的时间内，将长江以北的混乱局面扭转过来，实现了中国大半个版图的统一。

更难能可贵的是曹操创行"九品中正制"，把"唯才是举"的用人路线制度化，从而使魏晋以后的政治面貌为之一新，对曹操至隋唐的官僚制度，乃至官宦、士子心态都产生了重大而深刻的影响。

曹操祖父曹腾是汉末著名的宦官首领之一，权倾一时。父亲曹嵩是曹腾的养子，曾任司隶校尉、大司农、大鸿胪、太尉等要职。由于曹操出身宦官之家，尽管父亲身居高位，本人也才智过人，但在社会上仍受到许多人的鄙视。他从自身经历及当时的社会政治情况中认识到东汉选举制度的弊端，为在争夺天下的斗争中能将有用之才都招揽到自己周围，他对东汉选拔官吏的标准进行改革，曾连续下达三道求贤令，对社会传统观念进行强烈冲击。

汉献帝建安十五年（公元210年）春，曹操下达第一道《求贤令》，在这道命令中明确提出了"唯才是举"的口号，不仅为了改变东汉后期选举制度的弊病，而且是为矫正自己政权中前一阶段在选拔官员标准上的偏差。曹操在统掌朝政大权后，委任崔琰、毛玠主持官吏的选拔与任用，崔琰与毛玠以清廉正直著称，"其所举用，皆清正之士，虽于时有盛名而行不由本者，终莫得进。务以俭率人，由是天下之人莫不以廉节自励"。朝廷之中，廉俭之风大行，贪秽浮华之人都被贬退。但他们过于看重廉洁俭朴，从而使许多官员矫情作伪，假意旧衣破车，以求升迁。同时，用这单一标准来进行选拔，就会将一些确有才干的人排除在外。因此，当有人向曹操提出这一问题后，曹操就下达这道命令，特别指出"今天下尚未定，此特求贤之急时也"。并以齐桓公任用管仲而成为春秋时期五霸之首的事例，说明选拔官吏的首要条件是才干，只要确有才干，无论他是地位低下还是有某一方面的缺陷，都要推荐上来。

建安十九年，刘备入据益州，三国鼎立的局势已基本形成，曹操并未因自己占据中原，在政治、经济上都有明显优势而稍有松懈，仍以招揽贤才作为首要任务，在这年的十二月下达《敕有司取士勿废偏短令》：

"夫有行之人，未必能进取，进取之人，未必能有行也。陈平岂笃行，苏秦岂守信邪？而陈平定汉家业，苏秦济弱燕。由此言之，士有偏短，庸可废乎！有司明思此义，则士无遗滞，官无废业矣。"

曹操在这道命令中明确指出德行与才干并不是统一的，而且再次提到上次《求贤令》中已谈到的"盗嫂受金"的陈平，认为陈平虽然品行不正，但他辅佐刘邦建立汉朝的基业，功不可没。因此，曹操申令有关部门不能求全责备，不要埋没那些有缺点的贤才。在看到曹操求贤是扩大自己统治力量的同时，也应看到这是他削弱并控制反对力量的方法，将那些有才干的人用官爵羁縻在朝廷中，就可减少反对自己的隐患。这比单纯用打击的方法来消灭敌对势力，显然要高出一等。

建安二十二年，曹操已是63岁，在前一年已被晋爵为魏王，这年四月，献帝又命曹操"设天子旌旗，出入称警跸"。但他志在统一天下，连年出师征讨，同时，也更迫切地需求贤才，于这年八月，下达

《举贤勿拘品行令》：

　　昔伊挚、傅说出于贱人，管仲，桓公贼也，皆用之以兴。萧何、曹参，县吏也，韩信、陈平负污辱之名，有见笑之耻，卒能成就王业，声著千载。吴起贪将，杀妻自信，散金求官，母死不归，然在魏，秦人不敢东向，在楚，则三晋不敢南谋。今天下得无有至德之人放在民间？及果勇不顾，临敌力战；若文欲之吏，高才异质，或堪为将守；负污牛之名，见笑之行，或不仁不孝，而有治国用兵之术；其各举所知，勿有所遗。

　　曹操在这道命令中再次重申自己"唯才是举"的方针，并指出无论是伊挚、傅说那样出身贫贱之人，管仲那样的旧敌，萧何、曹参那样的小吏，韩信、陈平那样身遭污辱并受人耻笑的人，甚至像吴起那样不仁不孝的人，只要有治国用兵的才干，就要加以任用。充分表现出他的雍容大度以及不拘一格，求贤若渴的心情，同时，也反映出他与东汉时期用人传统的完全决裂。

　　曹操不仅用命令形式提出"唯才是举"的方针，实践中也确实贯彻了这一方针。他不仅任用荀彧、荀攸、钟繇、陈群、司马懿、何夔而等大族名士，也同样信任有"负俗之讥"的郭嘉、简傲少文的杜畿等人。而且曹操能以大业为重，不念旧恶，如张绣在归降后又起兵突袭，杀死曹操的长子曹昂、侄子曹安民以及爱将典韦，但以后张绣来降时，曹操捐弃前嫌，对他的宠遇优于诸将。陈琳曾为袁绍撰写檄文，痛斥曹操的罪行，并辱及曹操的父亲和祖父，可陈琳归降后，曹操爱惜他的文才，不仅未加惩处，还委派他掌管文书往来。史称曹操"知人善察，难眩以伪，拔于禁、乐进于行阵之间，取张辽、徐晃于亡虏之内，皆佐命立功，死为名将；其余拔出细微，登为牧守者，不可胜数"。

　　曹操晚年，为了使"唯才是举"的用人路线制度化，便采纳尚书陈群的建议，创行九品中正制，规定：在州设大中正（都中正），在郡县设小中正，中正官由贤德之人担任，负责品评举荐本地区的人才，并将所辖之域的士人，无论仕否，悉论才德或政绩具列品状，然后呈送朝廷吏部，按所定品格高下任命相应官职。九品中正制在最初实行时，由于不分世族高下尊卑，以"唯才是举"为原则，能够从毫末之中发现并启用一批人才，因此对于刷新曹魏政治，扭转汉世的恶风陋习，起到了积极的作用。曹魏时期，士子们对此甚有好评："其始选也，乡邑清议，不拘爵位，褒贬所加，足为劝励，犹有乡论余风。"曹操死后，九品中正制仍得到切实贯彻，并为晋朝所承袭。九品中正制成为魏晋之际基本的政治制度之一。另外，曹操还广开言路，采纳部下的正确意见。建安十一年，他下《求言令》，要求丞相府及州郡属官，"常以月朔各进得失，纸书函封"。由于曹操在政治上重视选拔人才，当时各地远道而来投奔的人很多，在他的周围，形成"猛将如云，谋臣如雨"的盛况。

【人物探究】

事实上，我们习惯依据罗贯中的《三国演义》来品评曹操，这未免有失偏颇。客观地说，从政治韬略到军事谋划，乃至文化修养，曹操都有不俗的造诣。"治国之能臣，乱世之奸雄"——此评价对于曹操而言，还算较为公正的。

当然，所谓奸雄，当然要有他的"奸诈"之处，曹操最得意的两手牌就在于：

1. 挟天子令诸侯。古往今来，许多成大事者都懂得"借一种旗号"来号令天下。众人皆知的春秋首霸主齐桓公就是通过"尊王攘夷"的做法而获得政治上、军事上的主动权。曹操的"挟天子以令诸侯"可以说是运用这一谋略的经典，当然他也借此翻开了其政治上的光辉一页。

2. 唯才是举。曹操成功的另一个关键就是能够"唯才是用"。拥有人才的协助，对事业兴亡至关重要。东汉末年，逐鹿中原的不乏其人，为何只存下三国，而其他人都被消灭了？缺乏人才助力是个重要的原因。

曹操深知这一点，他赤脚迎许攸、礼待关云长、用计赚徐庶等，都是出于对人才的偏爱，也正因为有了这么求才若渴的姿态，天下豪杰才肯聚拢在他的身旁，受其驱使，曹操因而兵强马壮，睥睨四方。

【谈古论今】

现如今，市场竞争归根结底就是人才的竞争，识别人才、让人才为我所用，是每一个管理者所必须具备的领导素质。所谓"千里马常有，而伯乐不常有"，人才的流失很大程度上取决于管理者的态度，倘若每一名管理者都能礼贤下士，让贤者在位、能者在职，那么我们的国家，我们的企业一定能以更强势的之态屹立于世界之林。唯才是举，任人唯贤——在这一点上我们应多向曹操学习学习。

刘备——隐真示假，藏锋守拙

如果要在三国人物中评选出一个影帝，那刘备绝对能够获此殊荣。可以说，在刘备的整个政治生涯，"演戏"占了很大一部分比重。人们每每谈到刘备的成功，多会将与之幸运联系在一起。是啊，刚一出山，便有关羽、张飞这样的猛将追随，落难之际又得诸葛亮、赵云大力辅佐，兼得马超、黄忠、魏延等一般猛将追随，恐怕想不成功都难。可是不知大家可曾想过，刘备若无过人才能，又岂能赚得一帮能人甘心为其卖命？

其实从某种意义上说，刘备之所以能在诸侯混战中占得一席之地，并逐渐强势，与魏、吴形成鼎立之势，很大程度上得益于他高人一筹的"演技"。

【史事风云】

当年曹操击败吕布，夺取了徐州，刘备因自己势单力薄，只好隐藏下自己独展宏图的夙愿，暂时依附于曹操。

曹操原本对刘备不放心，消灭吕布后，让车胄镇守徐州，把刘、关、张一同带回许都。既然归顺于他，也就得给些甜头，于是曹操带刘备进见献帝，论起辈分，刘备还是献帝的叔叔，所以后来人家叫他"刘皇叔"。刘备原先就是豫州牧，这次曹操又荐举他当上了左将军。曹操为了拉拢刘备，对他厚礼相待，出门时同车而行，在府中同席而坐。一般人受到如此的礼遇，应该高兴，刘备却恰恰相反。曹操越看重他，他越害怕，怕曹操知道自己胸怀大志而容不下他，更怕"衣带诏"事发。原来，献帝想摆脱曹操的控制，写了一道讨灭曹操的诏书，让董承的女儿董贵人缝在一条衣带中，连一件锦袍一起赐给董承。

董承得到这条"衣带诏"，就联合了种辑、吴子兰、王服和刘备结成灭曹的联盟。因为此事关系重大，一点儿风也不能透露。

于是，刘备装起糊涂，在后花园种起菜来，连关羽、张飞都摸不透大哥为什么变得这么窝囊。

一天，刘备正在后园浇水种菜，许褚、张辽未经通报就闯进后园，说曹操有请，马上就去。当时关羽、张飞正对刘备那种悠闲自得的行为不满，一块儿出城练习射箭去了。刘备只得孤身一人去见曹操，刘备心中忐忑不安：难道董承之谋露了馅！因为心里有鬼，所以越发紧张。曹操见了他，劈头就是一句："您在家里干的好事呀！"刘备觉得脸上的肉都僵了，两条腿直发抖，吓得一时说不出话来。幸好曹操长叹了一口气后，又冒出一句："种菜也不是一件容易的事呀！"刘备这才知道曹操所说的"好事"不是指谋反，提到嗓子眼的那颗心才暂时放了下来。曹操拉着刘备的手，一直走到后花园。曹操指着园中尚未成熟的青梅果子，对刘备讲起前不久征讨张绣时发生的"望梅止渴"的故事来："征途中酷暑难忍，将士们口干舌燥，我就用马鞭遥指着前方一片树林说，前边有一片梅林，梅果青青，可以止渴了。将士们一听'梅果青青'，不觉人人牙酸流涎，嗓子一时竟不渴。今天，我看到这后园的青梅，不由得想起旧事，特地请您来赏梅饮酒。"刘备此时仍是惊魂未定，虽是心不在焉，却还是故作认真地听着。

　　六月的天，孩儿的脸，说变就变。刚才还是大晴的天空，现在却涌起团团乌云，急风吹得梅树刷刷地响，常言"风是雨的头"，曹操忙拉上刘备躲到小亭子里。刘备这才发现，亭中已经备好一盘青青梅果，一壶刚刚煮好的酒，知道是曹操早有准备。二人对面坐下，开怀畅饮，天南地北闲聊起天来。

　　曹操为什么单单要请刘备来喝酒呢？原来他也是想趁酒后话多的时候，探测刘备的真心，看他是不是也像自己一样，有不甘人下、称王称霸的雄心。当酒喝得正来劲的时候，曹操发话了："玄德，您久历四方，见多识广，请问，谁称得上是当今的英雄？"刘备没有提防曹操突然谈这个主题，一时不知他葫芦里卖的什么药，只好搪塞道："我哪配谈论英雄呢？"可是曹操抓住这个话题不放，又补充一句："即便不认识，也听别人说过吧！"刘备见曹操一定要自己说个究竟，心里已对曹操的用意猜出八九分。于是开始装糊涂了，他略一思索说："淮南的袁术，曾经称帝，可以算作英雄吧！"曹操一笑说："他呀，不过是坟中的枯骨，我这就要消灭他！"刘备又说："河北的袁绍，出身高贵，门生故吏满天下,现在盘踞四个州,谋士多,武将勇,可以算作英雄吧!"曹操又笑了笑说:"袁绍外表很厉害,胆子却很小;虽然善于谋划,关键时刻却犹豫不决。这种干大事怕危险、见小利不要命的人,可算不得英雄。"刘备又说:"刘表坐镇荆州,被列为'八俊'之首,可以算作英雄吗?"曹操不屑地说:"刘表徒有虚名而已,也不能算英雄!"刘备接着说:"孙策血气方刚,已经成为江东领袖,是英雄吧!"曹操摇摇头说:"孙策是凭借他父亲孙坚的名望,算不得英雄。"刘备又说:"那益州的刘璋能算英雄吗?"曹操摆摆手说:"刘璋只仗着自己是汉家宗室,不过是个看家狗罢了,怎么配称英雄呢?"刘备见这些割据一方的大军阀都不在曹操眼里,只得说:"那么像汉中张鲁、西凉韩遂、马腾这些人呢?"曹操一听刘备说出的尽是一些二流的名字,禁不住拍手大笑说:"这些碌碌的小辈,何足挂齿呀!"刘备只得摇摇头说:"除了这些人,刘备我孤陋寡闻,可实在不知道还有谁配称英雄了。"

　　曹操停住笑声,盯着刘备说:"英雄,就是要胸怀大志,腹有良谋。所谓大志,志在吞吐天地;所谓良谋,谋能包藏宇宙。"说罢,他仔细观察刘备的反应。刘备佯装不知,故意问道:"请问,谁能当得起这样的英雄呢?"曹操用手指指刘备,又点点自己,神秘地说:"现在天下称得起英雄的,只有你和我呀!"一听这话,刘备不由得心中一震,吓得手一松,筷子掉到了地下。此时,恰巧闪电一亮牵出一串震耳欲聋的霹雳,轰隆隆炸得天都要裂了。刘备弯腰拾起筷子,缓缓地说:"天威真是厉害,这响雷几乎把我吓坏了!"曹操通过对世之英雄的一番议论,观察到刘备闻雷时丢掉筷子的情景,曹操还真以为刘备不但是个目光不够远大之人,而且是让惊雷震掉了筷子的胆小鬼,禁不住哈哈大笑起来。自此,对刘备的戒备也就松弛了许多,最终使刘备寻得脱身到徐州的机会。

【人物探究】

韬光养晦，以假示敌，无疑是对敌时的一种大谋略。对于一个志在成功的男人而言，只要人生目标的大方向没有改变，有时候装傻作愚，亦不失是一种明智的选择。

我们可以看出，刘备的演技主要集中表现在两个方面：

1. 对敌人演戏。刘备初出茅庐之时，势单力薄，只能依附各方诸侯，以求生存。于是，他对曹操演戏，扮演起了"菜农"，表示自己胸无大志，不足称雄，令曹操放松戒备，关键时刻保住了自己的性命；当陶谦三让徐州之时，其实刘备心里是想以此为"根据地"的，但他偏偏做出一副推让模样，其结果呢？他与其他诸侯一样，拥有了别人的城池，却被披上了一层道德的外衣而光辉不已。

2. 对下属演戏。长坂坡一役，赵子龙在曹营杀进杀出，费尽九牛二虎之力，置性命于不顾，才将幼主阿斗救出。赵子龙向刘备复命之时，刘备从赵云手中接过阿斗，非但没有表现出作为父亲应有的舐犊之情，反而欲将自己的亲生儿子掷之于地，口中说道："为你这乳子，几乎损我一员大将。"赵云眼见此情，立时被感动得热泪盈眶，连忙抱起阿斗，跪地便拜："我赵云就是肝脑涂地，也不能报主公的知遇之恩啊！"

这就是俗语所说的"刘备摔孩子——收买人心"。刘备此举，是否出于真心，我们无法鉴定，但多少是有些演戏的成分在里面的。正所谓"虎毒不食子"！难道刘备就真的忍心将亲生儿子摔死吗？不过，这一摔，算是将赵云的心拴住了，同时也收买了所有将士的人心。堪称是高明啊！

其实，形似痴癫的人不见得愚蠢呆傻。那些真正聪明的人，常被人看做是愚者，却不知他们的心比任何一个人都清醒。入世的大智者大抵如此。

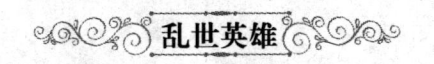

【谈古论今】

古语有云:"君子藏器于身,待机而动。"也就是说,我们在处世时,要掌控好"藏"与"露"的尺度,待时机成熟之时,再厚积薄发,尽显锋芒。在职场中,当我们处于低谷时,请注意保护自己。我们应向刘备学习,让自己看上去"毫无野心",不要让上司对你心有顾忌,一看到你就感到"位置不稳",倘若你给了上司这种压力,那么你的位置就不稳了。

诸葛亮——忠心事主,不触龙须

对于历史人物的评价,历来有好有坏,但关于诸葛亮,则是正面居多。

陈寿在《三国志》中这样评价诸葛亮——"诸葛亮之为相也,抚百姓,示仪轨,约官职,从权制,开诚心,布公道;尽忠益时者虽仇必赏,犯法怠慢者虽亲必罚,服罪输情者虽重必释,游辞巧饰者虽轻必戮;善无微而不赏,恶无纤而不贬;庶事精练,物理其本,循名责实,虚伪不齿;终于邦域之内,咸畏而爱之;行政虽峻而无怨者,以其用心平而劝戒明也。可谓识治之良才,管、萧之亚匹矣。"是故,西蜀的老百姓在诸葛亮逝世以后,追思不已——"因时节私祭之于道陌上"。

诸葛亮"鞠躬尽瘁,死而后已",名垂青史,他能做出那样的惊人事业,和两任领导对他的信任密不可分。他正是因为忠心事主,不触龙须才赢得两任领导的心。

【史事风云】

刘备三顾茅庐，诸葛亮在隆中三分天下，其中第一步就是夺取荆州，"荆州北据汉、沔，历经南海，东连吴会，西通巴蜀，此用武之地，非其主不能守。是殆天所以资将军，将军岂有意乎？"可见荆州是立大业根本。

刘表相让荆州，刘备推却。而后，在馆驿中诸葛亮询问为何不乘势而取，刘备回答："景升（刘表）待我，恩礼交至，安忍乘其危而夺之？"诸葛亮虽然心中可惜，口中却说："真仁慈之主也！"

不久刘表病危，诸葛亮又劝刘备新野地小，不能久居，可取荆州，刘备再次拒绝，诸葛亮说："且再做商议。"

刘备不听诸葛亮几次建议，诸葛亮只得设法安排抵御曹兵的其他方法。新野县火烧曹兵，也只是稍挡曹兵而已，此时想不出更好的办法。后来一路逃跑，一直跑到江夏，总算保命。诸葛亮又马上去东吴联合孙权做帮手，赤壁之战后才得到荆州。诸葛亮费了很大的劲，才实现第一步战略目标，但他对刘备未有一句抱怨之言。

刘备白帝城托孤，对诸葛亮说："如果这小子可以辅助，就好好辅助他；如果他不是当君主的材料，你就自立为君算了。"

诸葛亮顿时冒了虚汗，手足无措，哭着跪拜于地说："臣怎么能不竭尽全力，尽忠贞之节，一直到死而不松懈呢？"说完，叩头流血。为避免有夺权之嫌，从此，诸葛亮一方面行事谨慎，鞠躬尽瘁，一方面则常年征战在外，以防授人"挟制"的把柄。而且他锋芒大有收敛，故意显示自己老而无用，以免祸及自身。

刘备雄才大略，儿子刘禅却是白痴一个，但诸葛亮对刘禅从不怠慢，依然全心侍奉。诸葛亮在讨伐中原即将大功告成之际，接到刘禅旨意让他班师回朝。他明知有人献谄言，明知此时大好时机丧失，于大业不利，还是听从调遣回朝，弄清缘由后，他并没有过分责备刘禅，而是安顿好国事后，继续率兵伐魏。

【人物探究】

当领导非常诚恳地请员工提建议指不足时，如果员工大受感动，想畅所欲言的话，说明这个人修炼还未到家。那么，诸葛亮与领导意见分歧时是怎样做的？

我们试着分析一下两个阶段的诸葛亮。

1. 刘备在世时。如果说寄身刘表处时诸葛亮与刘备相识很短，认为还未完全获得信任，不便直言其过的话，到了帮助刘备成就帝业之后，刘备因关羽被害，要讨伐东吴时，也不见他反对出兵。

陈寿在《三国志》一书中用"群臣多谏"这四个字表示反对者多，为什么那么多人劝阻，在此事业成败的紧要关头，诸葛亮却不据理力争呢？他知道此时刘备人在气头上，恨在胸口烧，惹不起，劝不动，就算自己强谏，也没有效果。虽然在刘备失利后他叹息说："如果法正还在，一定能制止主上东征，即使东征（如果法正还在），一定不会覆败。"但他心里清楚，其时法正真在，也劝不住。

2. 刘备去世后。大家读过《三国演义》以后，也许已经注意到，自刘备死后，诸葛亮似乎便没有什么大的作为了，不像刘备在世时那样运筹帷幄，满腹经纶。其原因何在？因为在刘备这样的明君手下，诸葛亮是不用担心受到猜忌的，并且刘备也确实离不开自己，是故他可以尽情发挥自己的才能，辅助刘备，对抗魏、吴，三分天下。而刘禅昏庸，自己权位颇高，易受猜忌，所以他不得不将锋芒收敛，以求善始善终。这是韬晦之计，也是诸葛亮的大聪明。

【谈古论今】

　　我们身在职场中，理应多学学诸葛亮，如果领导对一份明显有漏洞的销售方案非常欣赏，征求部下的意见，该怎样回答呢？对，应该像诸葛亮那样委婉建议："这个方案可能不是最好的，不过，也有它的可行之处，最后还是由您来决定吧。"

　　这么一说既顾及了领导的尊严，又有礼貌。

才子贤人

才高遭人忌，显眼易被折。古往今来，有才之人往往命运不济。但却有这样一群人，他们才华横溢又能够洞悉世事，深谙明智保身之道，轻易不露锋芒，所以在排挤、杀伐之中得以安然度世，留给后人一段段脍炙人口的传说……

孔子——以道事君，不可则止

孔子在中国历史上的地位以及对于中国文化发展的贡献，已无须多言。在此，我们且来谈谈他从政为官的思想。

孔子一生向往的都是做个"君子"，从内心里鄙视小人，所以，他在从政为官方面一向主张"仁治"，希望为官、当权者能够内外兼修，提高自身的修养，以便更好地推行仁道。于是他说："没有好修养就让人去做官，是'贼夫人之子'"。所以他主张——以道事君，不可则止。意思是说：作为大臣，必须要以正道来辅佐君主，如果行不通，那就别再做这个大臣了。而孔子的一段为官经历，也正验证了他自己的主张。

【史事风云】

鲁定公九年，鲁国国君定公终于让年已51岁的孔子任中都之宰。这是孔子有生以来第一次担任公职。他在岗位上勤勤恳恳，认真履行职责，体察民情，以德施治又刑罚得当，到职一年就显示出了他非凡的治政能力，成绩的卓著，引得四方官吏都赶来学习仿效。就这样，孔子以自己的才能和治绩，不久便由中都宰升任司空。司空是管理工程建设的长官。后来又由司空升为主管司法工作的司寇。在这个岗位上，孔子比以前更尽心尽职。也是在这个岗位上，孔子开始名震各国，其间，在鲁齐两国的夹谷会盟过程中，孔子不辱使命，严正地维护了鲁国的声誉和利益，赢得了举国上下的一致称赞。

夹谷之会过后不久，孔子以司寇之职而摄行相事，即代替鲁国执政之卿，管理鲁国最高的行政事务。这是因鲁定公在夹谷会盟之后对孔子更加信任，对其才华也更加赏识的缘故。

大权在握的孔子，踌躇满志，准备着手改变鲁国国君虚位、三桓擅权，而三桓又受其家臣控制的政治格局，重建君臣有道的政治秩序。他向鲁定公进言："依照周礼，大臣不该拥有私人的军队，大夫不该拥有百雉之城。"这是针对孟孙氏、叔孙氏、季孙氏而言的，因为他们分别占据着郕城（今山东宁阳县境）、郈城（今山东东平县境）和费城，孔子的这番话，对鲁定公很有利，他表示赞同。

于是，孔子派出学生中最有军事才干的子路到季孙氏家当总管，开始有步骤地实施史称"堕三都"的大事。这一年是公元前498年。

虽然，由于各方面的阻力，这个行动没能完全实现预定的目标，可是，孔子毕竟在重建传统的政治秩序方面取得了一些胜利。面对着外交和内政上的成绩，孔子从不沾沾自喜，很注意自己的道德修养。平时在乡里人面前，他仍保持着谦虚淳朴而不夸夸其谈的一贯作风；在朝廷中议事时，则滔滔不绝，但又很慎重；对待上级，持公正不阿的态度；对待下级，则和悦近人。在孔子的理想一步一步地变成现实的情况下，内中隐伏的矛盾和危机也正在一步一步地向他逼来。

在"堕三都"之后不久，季桓子就不信任子路了。子路原是孔子派往季孙氏家当总管的，是"堕三都"的主要指挥者之一。当时季桓子接受子路，是想利用孔子来剪除公山不狃这股异己势力。因此，一旦公山不狃被击溃，再经公敛处父的话的点醒，季桓子就不能不对子路深怀疑忌了。因此，孔子的一名学生公伯寮在季桓子面前讲了子路的很多坏话，季桓子都听信了。有个叫子服景伯的人将这一情况告诉了孔子。孔子淡淡一笑，坦然地说："我的理想如果能实现，那是命该如此；如果不能实现，那也是命该如此。公伯寮怎能改变命该如此的事情呢？"这说明，孔子从季桓子不信任子路这件事预感到自己的政治生涯可能要发生逆转，自己的政治理想也许是命中注定不能在鲁国实现了。

失望的阴影越来越占据着孔子的心：鲁定公和季桓子迷恋于声色犬马之间，怠于政事。这和齐国的阴谋有关。齐国统治者眼看孔子参与鲁国政事后，鲁国不断走向清平、稳定和强大，更加担心起来。这时，有人向齐景公进言："孔子主政，鲁国必会强大到称霸诸侯的地步。要是鲁国称霸了，我们与鲁国相邻，必然会最先受到吞并，不如先设法破坏他们的图强措施，以阻止他们的发展。"于是齐景公在国内挑选了80个漂亮的能歌善舞的少女。让她们穿上华丽的衣裳，并配上30辆华丽耀眼的马车，每辆车由四匹披挂五彩缤纷的骏马拉着，一起送给鲁国。这些美女和马车暂时停留在曲阜南门外，许多人都跑去围观，轰动一时。季桓子乔装前去偷看了三回，越看越想看，越看越爱看。在季桓子的怂恿下，鲁定公借巡视为名，也整天泡在南门外，沉醉在那些歌舞里，从此也不理朝政了，并对孔子疏远，不再乐于接受孔子的劝谏了。

子路忍不住气，说："老师，我们可以离开了！"孔子说："再看看吧，鲁国不久就要春祭天地了，如果鲁定公遵守礼法，能在典礼后把祭肉分送给大夫，就表明仍有可为，那么我们还可以暂时留下。"

可是，祭天过后，祭肉并没有送给孔子和各大夫。终于，孔子眼看鲁君已无道绝望了，他怀着沉重的心情辞去了职务，率领着一批弟子离开了鲁国的国都，另觅实现其理想的国度。

【人物探究】

孔子这一段事君离君的经历，清楚地告诉我们，应该如何按照"以道为政，不可则止"。

1. 坚守原则。孔子的为臣之道，也是关于下级如何处理与上级之间的关系时的一个原则问题。正所谓"你有千条妙计，我有一定之规。"做下属理应忠诚，但绝不能愚忠，如果不管对错，凡事都听命于上位者，那么倘若他下的命令背离正道，又该如何处理？

毫无疑问，一个组织的力量很大一部分就来自于上下级之间和谐的关系。作为下属，有责任、有义务来建立和维持这种和谐关系。但是为做到"死守善道"走向"活守善道"开辟了很大的可能性。在碰到一个冥顽不化、刚愎自用的上司的时候，无法依照自己的原则施展才干，或者被威逼做一些违背道义的事情，那么，必须坚守原则，绝不能委曲求全。

2. 不可则止。"不可则止"不是一个缺乏毅力、缺乏自信者的逃跑借口。如果我们能客观地、历史地来总结古代思想，应该说"以道事君，不可则止"这一思想，既体现了孔子重道义、轻功利的做人谋事的原则，同时也反映了孔子高瞻远瞩地把握时代特征、机动灵活地处事为臣的气魄和能力。孔子的事君之道，与腐儒的"愚忠"和"有奶便是娘"的以利事君，真是大相径庭。

不过，孔子的弟子在权势压力之下，就未必能将原则坚守得那样好了，其结果是落下个"为虎作伥"的污名。例如——季氏富于周公，而求也为之聚敛而附益之。子曰："非吾徒也。小子鸣鼓而攻之可也。"冉求理应规劝季氏不要做大逆不道之事，倘若季氏一意孤行，就该辞官而去。但是，冉求反而被季氏的权势所误导，帮着他为祸于民。所以孔子不承认有这个徒弟，因为他忘记了"以道事君"的原则，那么随之而来的就是罪过和耻辱。

【谈古论今】

如今，社会上一直提倡"忠于自己的公司"，这话固然没错，作为一名企业职员，对于公司的忠诚绝对应该放在不二之位。但是，"忠诚"也要以"值得"为前提，倘若你所在的公司只是求利，不求发展，又或从事一些不法勾当，那么你完全没有必要死守愚忠，与其一起沉沦下去。莫不如另谋高就，寻求更大的发展。

阮籍——长醉不醒，不涉是非

竹林七贤之一阮籍是个千古留名的文士，只要是稍有文化素养的人，几乎无不知其名。相较于魏晋时期那些玄学哲学家，阮籍在学术思想方面或是哲学理论方面，并没有特别突出的贡献。不过，若论名声，除嵇康外，当时几乎无人可以与之相提并论。

千百年来，世人对于阮籍的评价褒贬不一，见仁见智、争论不休。其中有一种说法认为阮籍气节不够，未能像嵇康那样宁折不弯，与司马氏抗衡到底。

这种说法未免有些偏激。诚然，阮籍迫于当时的形势，确实做出了一点妥协。但细思之你会发现，阮籍的这种妥协不过是一种变相的抗衡。他被迫成为司马氏的"幕僚"，但终日纵酒狂歌，既不开罪司马氏亦不肯为其出力，他深知司马氏意在借用自己的声名为政治加分，于是想方设法撇清自己与司马氏的关系。常言说得好："好死不如赖活着。"阮籍的做法，可以说是一种既能自保又不失原则的处世智慧。

【史事风云】

阮籍3岁时父亲便亡故，虽未得到言传身教，但他的才情与傲气却完完全全得到了父亲的遗传，甚至青出于蓝胜于蓝。

阮籍少年时"猖狂"至极，曾登广武陵，观楚、汉古战场，慨叹"时无英雄，使竖子成名"！试想，横扫天下的刘邦和力拔山河的项羽，在他看来都是竖子，他的眼中还有谁？阮籍视人，有青白眼之说，遇到他不喜欢的人就翻白眼以示鄙视，遇到气味相投的人才转回青眼。不过，阮籍大多时候是翻着白眼的，天下没有几个人他看得上，就连当时朝廷的红人嵇喜前来为阮籍母亲吊丧，他都用白眼把人家瞪走了，后来嵇喜的弟弟嵇康前来，他才转为喜色。

不过，随着年龄的增长，阮籍的这种猖狂逐渐被他自己掩藏起来。

他和"竹林七贤"其他诸人一样，都对当时混乱的政治感到厌烦，亦都不喜欢攀附权贵。但所谓"树欲静而风不止"，像他们这种声名在外的人，自然成为了政客们"招贤纳士"的首要目标。

阮籍名盛之时，正逢曹爽、司马懿夹辅曹芳，二人明争暗斗，朝堂上波涛汹涌，政局十分险恶。曹爽慕阮籍之名，曾召其为参军，但阮籍托病辞官归故里了。正始十年（249年），司马懿发动"高平陵之变"，诛杀曹爽，开始独专朝政。

此后，司马氏便屠戮异己，很多人被牵扯进去，家破人亡。阮籍原本向着曹魏皇室，对于司马氏谋权篡位之举甚为不满，但他同时又感到"蚍蜉撼树谈何易"，尤其在司马懿诛杀何晏、邓飏这班人，致一朝天下"名士减半"之后，阮籍终于放弃"猖狂姿态"，转为自全之计。他决定不涉是非，或是闭门读书，或是游山玩水，或是长醉不醒，或是缄口不言。钟会是司马氏的心腹，曾多次探问阮籍对时事的看法，阮籍都用酣醉的办法获免。司马昭本人也曾数次同他谈话，试探他的政见，他总是以发言玄远、口不臧否人物来应付过去，使司马昭不得不说"阮嗣宗至慎"。

为了拉拢阮籍，为自己树立"礼贤下士"的招牌，司马昭又想到了与阮籍联姻。阮籍有一个女儿，不但长得眉清目秀，而且德才兼备。于是，司马昭便准备让自己的儿子司马炎娶阮籍女为妻。

事先听到消息的阮籍这下为难了。如果答应这门亲事，有损自己名誉不说，更是害了女儿；但倘若不答应，惹怒了司马昭，恐怕自己一家人的性命就难保了。

思来想去，阮籍决定以酒避祸，他将自己喝得酩酊大醉，而且只要一醒，就抱着酒坛子狂喝，一直喝到烂醉如泥。结果，媒官来一次见阮籍醉得不省人事一次，根本就无法开口。最后，只得如实回禀司马昭。

司马昭不死心，亲自上阵。但一连十数次，遭遇的都是和媒官一样的场面，且阮籍一醉就是60天。这令司马昭哭笑不得又无计可施，最后只得作罢。

不过，有时阮籍迫于司马氏的淫威，也不得不应酬敷衍。他接受司马氏授予的官职，先后做过司马氏父子三人的从事中郎，当过散骑常侍、步兵校尉等，因此后人称之为"阮步兵"。他还被迫为司马昭自封晋公、备九锡写过"劝进文"。因此，司马氏对他采取容忍态度，对他放浪佯狂、违背礼法的各种行为不加追究，最后得以终其天年。

【人物探究】

阮籍不仅诗文写得好，而且借酒避世一事更是被后人广为称道。在当时的环境下，倘若他与嵇康一样，誓与司马氏势不两立，对抗到底，那么司马氏是绝不会手下留情的，天下名士已减半，还差你这一个！

于是，他索性装聋作哑、借醉避祸。他放荡却又隐晦，往往给自己留一些余地，是故他的下场要比嵇康好得多。透过史料我们可以看出，阮籍的自保的手段主要有两样：

1. 狂饮。阮籍饮酒不仅是因为他天性不羁，同时也是对环境的一种应对。当时，"司马昭之心路人皆知"，阮籍名声之下，多说势必遭祸，只得把舌头喝得僵硬，才能缄口不言，而且即使他有什么说错了，也可以以"醉酒"为由，得到别人的原谅。

2. 用语晦涩。阮籍的诗文写的非常好，不过他的作品有一个特点——虽慷慨激昂但隐而不显。南宋诗人颜延年曾这样说道："嗣宗身仕乱朝，常恐罹谤招祸，因兹发咏，故每有忧生之嗟。虽志在刺讥，而文多隐避。百代以下，难以情测。"

可见，阮籍用语晦涩、喜用典故，并不是他在故弄玄虚，显示学问，而是为求自保的不得已而为之。在当时，司马氏为使臣民达到思想上的统一，费尽心机地要将所有文化名人结合。阮籍岂能看不透统治阶层的嘴脸？但有了好友嵇康的教训，阮籍又怎会拿鸡蛋去碰石头，轻易得罪他们，所以只能将心中的苦闷、惶恐、愤恨借意象朦胧、语言晦涩的诗词发泄出来。

不言而喻，阮籍的醉非真醉，而是身醉心不醉，是在装糊涂给别人看，却把清醒留给了自己。

【谈古论今】

在生活中，糊涂也是一门学问，它与马虎绝对是两码事。糊涂一词包含着深奥的道理，它是清醒的最高境界，需要倾注大量的文化情愫，进行长年累月的修炼之后才能自然流露。

王湛——大智若愚，不慕虚荣

所谓青山不语，自是一种高远；大海不语，自是一种广阔。做人，若能秉持一颗平常心，胜不骄而败不馁，就一定能够在人生中挥洒自如。

有时候，看似愚笨的人，内心却很玲珑；看似忠厚老实的人，内心却很有城府。如果能够懂得隐藏，懂得隐忍，就能够做成大事。

西晋时的王湛便是这样一个大智若愚的人，他在自己的人生中始终保持谦虚，于是他的生活少了很多不必要的纷争。他不慕虚荣，不断地完善自我，因而在诸多领域都有所建树，为自己的人生留下了浓重多彩的一笔！

【史事风云】

晋武帝时，有一个叫王湛的人。在许多人眼里，王湛是个愚笨的人，他平时不言不语，从不表现自己，别人有对不起他的地方他也从不计较。因此很多人都轻视他，就连他的侄子王济也看不起他。一起吃饭的时候，桌上明明有许多好菜，王济也不让叔叔先吃，自己把好吃的都吃光了，甚至连蔬菜都不给王湛留下。但是王湛并不因此而生气。

有一次，王济偶然去王湛的住处玩，看到他的床头有一本《周易》，这是一本从远古时代就流传下来的书，十分难懂。王济想，叔叔这么傻，怎么可能读得懂《周易》呢？就问："叔叔把这本书放在床头做什么呢？"王湛回答说："身体不好的时候，坐在床头随便看看，解闷。"

王济怀疑王湛看《周易》只是做做样子而已，就请王湛说说书中的意思，想借此取笑他。谁知道王湛分析书中深奥的道理，深入浅出，非常中肯，讲解得精练而有趣味，王济一下子就听得入了迷。于是他留在王湛身边，一连好几天都不愿意回去。听王湛讲了几天的《周易》，王济才意识到自己的学识和叔叔相比，差距实在是太大了。他惭愧地叹息说："我家里有这样一位博学的人，可是我这三十年来竟然不知道，这是我的一个大过错啊。"几天后，他要回家了，王湛客气地把他送到大门口。

王济骑来的是一匹性子很烈的好马，很难驯服，他就问王湛："叔叔喜欢骑马吗？"王湛说："还算喜欢。"于是就骑上这匹烈马，姿态悠闲轻松，驾驭那匹烈马进退自如，连城中最善驭马的人都比不过他。王湛又告诉侄子："你这匹马虽然跑得快，但是受不得累，干不得重活。最近我看督邮有一匹马，是一匹能吃苦的好马，只是现在还小。"王济就把那匹马买过来，精心地喂养，等它长大了就与原来的那匹烈马比试。王湛又说："这匹马只有背着重量才能知道它的能力，在平地上走显不出优势来。"于是，王济就让两匹马在有土堆的场地上比赛，跑着跑着，那匹烈马就绊倒了，而从督邮那里买来的马还是像平常一样，跑得又快又稳。

经过这些事情，王济从内心深处佩服叔叔的学识和才能。他对父亲说："我有这样一位博学多才的叔叔，实在是比我强太多了。可是原来我一点也不知道，还经常轻视怠慢他，真是太不应该了。"

晋武帝也认为王湛是个呆子，有一天，他见到王济，就开玩笑问他："你家里那个傻叔叔死了没有？"

王济就大声回答："我叔叔根本不傻。"他把王湛的才能学识一样一样地讲给晋武帝听，晋武帝深感钦佩，后来就任命王湛为汝南内史。

【人物探究】

在易经的六十四卦中，有一卦为"谦"卦，"谦"卦是所有卦中最吉的一卦，因为只有它的六爻是全吉的，其他的卦都没有这样全吉或全凶的。《易经》中说："天的法则，亏损满盈，增益谦虚；地的法则，改变满盈，使其流入谦卑；鬼神的法则，加害满盈，降福谦虚；人的法则，厌恶满盈，喜好谦虚。"可见，无论是天地人，还是鬼神，都是赞赏谦虚而厌恶满盈的。人们也常说"满招损，谦受益"，骄傲自满的人会给自己招来祸害，谦虚忍让的人才有福报。而一个人若是骄矜起来，满盈过溢，就会使得自己众叛亲离，难以成事了。

那么"谦"又给王湛带来了什么好处呢？

1. 保留精力。一个人倘若名声在外，那么各种俗事便会接踵而来——当权者的召见、慕名者的拜访，亲戚朋友拉关系。如此一来，整日被这些俗务所纠缠，就很难静下心来做学问，又何谈精益求精？又何谈百尺竿头更进一步？江郎之所以才尽，恐怕就是浪费了太多精力在这些应酬上了吧！王湛似乎对这一点看得很透彻，所以并不执著于声名，而是将更多的精力放在了钻研学问上，终有所成。

2. 免招嫉妒。法国哲学家罗西法古说："如果你要得到仇人，就表现得比你的朋友聪明与优越；如果你想得到朋友，就让你的朋友表现得比你自己更聪明优越。"罗西法古毕竟是大哲学家，简单的一句话，就精确地道破了人与人之间相处的原则，也掌握住了人们在面对别人的优势与能力时的微妙心理变化，以及这种变化带来的结果。

为什么这样说呢？根据心理学家分析，当自己表现得比朋友更聪明和优越时，朋友就会感到自卑和压抑；相反，如果我们能够收敛与谦虚一点，让朋友感觉到自己比较重要时，他就会对你和颜悦色，也不会对你心存嫉妒了。

时下里流行一句话："玩深沉。"王湛这个人就很会玩深沉，而这种"深沉"，恰恰显示了他的胸襟之坦荡，修养之深厚。

像王湛这样的人，平时从不表现和炫耀自己，而是把时间和精力用在发展和提高自己上，不追求虚荣，也不介意别人的轻慢，最后才能厚积薄发，得到伯乐的敬佩和赏识。可惜的是，有些人身上，缺少的恰恰就是这种气质。他们对待人生不思进取、得过且过，一旦取得些许成绩便不觉得意忘形起来，刺伤了别人，也毁掉了自己！看看王湛，观心自省我们又有什么值得张扬的呢？

【谈古论今】

　　一个人太过自负，不懂得谦虚忍让，就很容易失去人心。而人们通常都会或多或少地有些傲慢，甚至都会把那些谦虚忍让的人当成傻瓜，这就使得自己盲目自大，骄横无礼，最终为自己带来祸患。所以，对于一个想在复杂的社会里如鱼得水的人来说，一定要学会谦逊与柔忍，如此才能游刃有余。

范仲淹——身处林泉，心怀廊庙

　　在中国历史上，范仲淹可以说是一位圣贤级别的人物，宋代很多大家均对他推崇备至。

　　欧阳修评范仲淹："少有大节，于富贵、贫贱、毁誉、欢戚，不一动其心，而慨然有志于天下。"

　　苏轼评范仲淹："不待文而显，其文亦不待叙而传。"苏大学士自八岁起便将范仲淹视为学习的标杆，直至五十余岁崇拜之情依然不减。他一生交友无数，却将没有结识范仲淹引为平生恨。

　　王安石评范仲淹："呜呼我公，一世之师，由初迄终，名节无疵……硕人今亡，邦国之忧。"

　　范仲淹一生中，曾任过地方长官和边防将领，也曾受到过朝廷的重用任参知政事等职。他无论在中央还是在地方，都以天下为己任。以"先天下之忧而忧，后天下之乐而乐"的豪言壮语来鞭策自己，"出将则安边却敌，入相则尊主庇民"（见郑元《文正书院记》），时刻关心国家大事和百姓疾苦。可以说，范仲淹无疑是为官者的楷模。

【史事风云】

有一年，全国发生了严重的蝗虫和干旱灾害，江南、淮南、京东等地的情况最严重。范仲淹对此非常着急，便上书请求皇帝派遣使臣到各地去巡视，皇帝没有答复。于是他又单独求见皇帝说："如果皇宫中半天没有东西吃，将会怎么样呢？"这句话引起了皇帝的重视，于是就任命范仲淹去安抚江南、淮南等地。范仲淹每到一地，就立即打开官仓救济灾民，还蠲免了庐、舒二州的折役茶（向国家缴纳一定数量的茶叶）和江东路的丁口盐钱（按丁口缴纳的盐税钱），并归纳了能救治当时社会弊病的十项措施上呈皇帝。

明道三年（公元1033年），宋仁宗命范仲淹出任苏州知州。范仲淹到苏州后，正遇上苏州涨大水，农田被淹，无法耕种，他立即领导疏通五河，准备将太湖水引出灌注入海。但是，当他招募许多民夫开始动工还未完工时，又被调任到明州。苏州转运使得知情况后，便奏请宋仁宗，请求留下范仲淹来完成这一工程，得到了宋仁宗的同意。完工后不久，范仲淹就被召回朝廷，提升他为吏部员外郎、权知开封府。

康定元年（公元1040年），西夏李元昊发兵入侵宋朝边境。朝廷任命范仲淹为天章阁待制，担任永兴军知军，又改任陕西都转运使。随后又被提升为龙图阁直学士，充任陕西经略安抚、招讨使夏竦的副手。当时，延州（今陕西延安）周围有许多寨子被西夏军攻破，范仲淹主动请求前往御敌。于是宋仁宗任命他为户部郎中兼延州知州。以前诏书上有分派边兵的规定：边境军队，总管统领1万人，钤辖统领5千人，都监统领3千人。每当遇到敌人来犯要进行抗御时，就由官职卑微的首先出战。范仲淹了解到这种情况说："不选择将领，而以官职高低来决定出战先后，这是自取失败的办法！"于是他大规模检阅延州军队，共得1万8千人；他将这1万8千人分为六部，每位将军各领3千人，分部进行教习训练。遇敌人来犯，则看敌方人数多少，派各部轮换出战抵御。经过范仲淹对军队的整顿，大大提高了战斗力，打了许多胜仗。

范仲淹治军，号令严明，爱护士兵，常将朝廷赏赐给他的黄金全部分送给戍边守关的将领。而且，对归顺的羌人推心置腹，诚意接纳，发展边境生产和贸易，因而博得边民对他的爱戴，称他为"龙图老子"。西夏军队因吃了许多败仗也不敢轻易侵犯他所管辖的边境。直到庆历三年（公元1043年），李元昊不得已与宋朝讲和，宋仁宗才又召回范仲淹，任命他为参知政事。

范仲淹任参知政事时，向宋仁宗提出了厚农桑、减徭役、修武备、择长官等十项改革方案，当时宋仁宗一心想治理出一个太平盛世，全部采纳了范仲淹的意见。可惜这些意见因保守派的反对而未能得以贯彻实施，然而对以后的改革变法却有一定影响。

范仲淹一生食无重肉，生活俭朴，以治理好国家大事为自己终身的职责，忧天下之忧，所以深受当时的百姓和后人的敬重。

【人物探究】

史料记载，范仲淹去世后，满朝上下一片哀痛，甚至连西夏甘、凉等地的少数民族居民也自发地为其举哀戒斋。但凡范仲淹曾为官之处，百姓纷纷为其建立祠堂，举族哀悼。范仲淹的行动和思想，时至今日依然备受世人敬仰。

1. 居轩冕之中，不可无山林之气味。像范仲淹一样的中国古代知识分子受儒、道思想影响极大，故他们追求在权势头上保持几分山林雅趣，这样不但能够缓和过分热衷名利的紧张，体会到山林雅趣的真谛，又能保持一颗平常心，感受到百姓生活的疾苦，时刻提醒自己秉持住为官者应有的高风亮节。

2. 处林泉之下，须要怀廊庙之经纶。不过，无论你内心如何淡泊名利，但对于国家大事是不能不问的。范仲淹认为，一个人尽管可以过着闲云野鹤般的自由生活，但绝不能将置国家于不顾。所谓"国家兴亡，匹夫有责"，对范仲淹而言，心怀社稷就是一种责任，即便不在其位，亦应该心系朝堂，而不应该将自己封闭于社会之外。

其实，如今很多为官者正是因为缺乏范仲淹的这种气度与修养，才自毁前程，这不得不让我们深思与警醒。

【谈古论今】

先天下之忧而忧！范仲淹的忧患意识并不是杞人忧天，亦非悲观绝望，而是一种居安思危，志存高远，积极进取的哲学智慧。倘若世人都能以天下为己任，那么，又何愁国不强盛、民不富足！

纪晓岚——巧舌如簧，善于迂回

生活中，常见一些油腔滑调的人，他们懂得"到什么山上唱什么歌"，人们对于这类人，既是羡慕又有些反感。羡慕的是他们的口才，能够在各种人面前游刃有余，反感的则是他们的油滑。那么，要如何来看待具有这种性格的人呢？在现实生活中，倘若我们遇到一些左右为难的事情，是不是也应该让自己变得变通一些，以适应社会呢？

对此，早在二百多年前，清朝大才子纪晓岚，已经为我们做出了很好的诠释。纪大学士认为，做人要"处事圆滑、内心中正、不同流合污而为人谦和"。他的意思是说，为人处世，应依据具体情况，适度掌握尺寸，该方则方，该圆则圆，但内心一定要诚实忠厚。这样，不但不会被别人反感，反而会得到他们的尊重。

事实确实如此，纪晓岚身处清朝盛衰交替的过渡时期，凭借着天资聪慧，在黑暗、复杂的封建官场中游刃有余。因为他懂得随机应变，深谙方圆之道，所以上得君宠，下得民心，生前死后，殊荣不减。

他的成功，就在于能够将"方圆"巧妙地结合起来，从而使其生活与事业、为学与为官等看似对立的事物形成了有机的统一。

【史事风云】

清中期著名才子纪晓岚很善于驾驭言语，他留下了许多巧妙诙谐的故事。

据说，有一次，乾隆皇帝和纪晓岚泛舟湖上赏风景，突然想开个玩笑以考验纪晓岚的辩才，便问纪晓岚："纪爱卿，'忠孝'二字当作何解释？"

纪晓岚答道："君要臣死，臣不得不死，是为忠；父要子亡，子不得不亡，是为孝。"

乾隆笑眯眯地说："那好，朕要你现在就去死。"

纪晓岚愣了一下，只好说："臣领旨。"

乾隆看着他迷茫的样子，更高兴了，说："那你打算怎么个死法？"

纪晓岚想了想，说："跳河。"

"好吧！"乾隆当然知道纪晓岚不可能真的去自杀，于是静观其变。只见纪晓岚走到船头，作势欲跳，忽然又停了下来，向湖中拜了几拜，然后又像是在和什么人讲话的样子，神情渐渐气愤，又过了一会儿就走回到乾隆身边。

乾隆笑问道："纪爱卿何以未死？"

纪晓岚坦然道:"臣刚才碰到屈原了,他不让我死。"

"哦?"乾隆来了兴致,"此话怎讲?"

"我站在船头正准备往下跳的时候,忽然看到屈原从水中出现,他站在水面上对我说:'晓岚,你此举大错矣!想当年楚王昏庸,我才不得不死;可是如今皇上如此圣明,你为什么要死呢?你应该回去先问问皇上是不是昏君,他若真是与当年的楚王一样昏庸,你再死也不迟啊。'我非常生气,当即回复他说:'我主当然不是昏君,所以我今天也不会跳下去陪你。'"

乾隆听后,放声大笑,连连称赞道:"好一个如簧之舌,真不愧为当今的雄辩之才也。"

还有一次,乾隆宴请大臣。大臣们吃得很开心,饮得也很畅快。乾隆又诗兴大发,他出了一个上联:"玉帝行兵,风刀雨箭云旗雷鼓天为阵。"

乾隆皇帝要求百官对下联,竟然没人能对得上。乾隆皇帝这下更来兴致了,他想显示他本人的才华,便点名要纪晓岚答对,想出一下这位大才子的丑。不料,纪晓岚却把下联对上来了:"龙王设宴,日灯月烛山肴海酒地当盘。"话音刚落,群臣赞叹。

乾隆皇帝听后,却不高兴了。他面有怒色,半日沉吟不语。纪晓岚明白是自己得罪了皇上,便接着说:"圣上为天子,所以风、雨、云、雷都归您调遣,威震天下;小臣酒囊饭袋,所以希望连日、月、山、海都能在酒席之中。可见,圣上是好大神威,而小臣我只不过是好大肚皮而已。"乾隆一听,立即笑逐颜开,连忙表扬纪晓岚,说:"饭量虽好,但若无胸藏万卷之书,又哪有这么大的肚皮。"

清朝的嘉庆皇帝登位后,对前代的一些遗留问题进行了解决,还准备破格提拔几位曾为其父王做过贡献却被奸臣排挤、打击的官员。但这破格提拔的事在清朝历代尚无先例,群臣反应不一。嘉庆拿不定主意,便问老臣纪昀。纪昀沉吟良久，说："陛下，老臣承蒙先帝器重，做官已数十年了。从政，从未有人敢以重金贿赂我；为了撰文著述，我也不收厚礼，这是什么原因呢？这是因为我不谋私、不贪财。但是有一样例外，若是亲友有丧，要求老臣为之点主或作墓志铭时，对于他们所馈赠的礼金，不论多少厚薄，老臣是从不拒绝的。"

嘉庆听完纪昀一席话后感到莫名其妙，进而想一想，才点头称许，于是下决心破格提拔这批官员。

【人物探究】

对于生活中遇到的难题，如果不能正面反击，那么不妨采用迂回婉转的策略，避开对手的优势，尽量维持自己的原则，攻其不备，巧妙获胜。

第一件事中，乾隆以纪晓岚解释的"忠孝"之道为难他，命他去死，纪晓岚进也不是退也不是，只有迂回出击，才主动创造了契机，改变不利的局面。

第二件事中，乾隆出的上联是为了显示一代帝王的豪迈气概，不料纪晓岚下联一出，十分工整，显不出乾隆的才气。乾隆自然不快。幸好，纪晓岚及时发现并为自己开脱，有意抬高乾隆，贬低自己。自然，君臣一唱一和，大家都高兴。

第三件事，纪晓岚则是用的模糊之法，提出自己赞成皇上应该放下包袱、大胆去做的建议。纪昀的这番话听起来言不及义，但细究起来里面大有文章。既然为官清廉，何以对亲友之丧事点主、作铭所得的礼金概不拒绝呢？为祖宗推恩无所顾忌之故也。您嘉庆皇帝破格提拔曾为先帝作过突出贡献的官员，本来也是为祖宗推恩，弘扬先帝的德化，还有什么顾忌的呢？这不正和我纪昀为别人点主、作铭不推却馈赠，好让死者的后人为死者尽孝的道理一样吗？嘉庆皇帝聪慧，哪能悟不出纪昀的

171

话中话呢？

纪昀为何如此含含糊糊呢？他主要是出于两种考虑：

1. 虽然建议破格提拔这些官员，但没明说，此意见倘若被采纳，是成是败，名义上自己都没有介入，皇帝也好，其他人也好，抓不着把柄。

2. 嘉庆皇帝秉性聪明，而且有好自作主张的特性。不说吧，自己的意见皇上不清楚，而且皇上会不高兴；倘若说白了，恐有教导皇帝、不自量力的忌讳，起负作用。不如用此模糊之法，让皇帝自己"悟"出道理来，既说出了自己的意见，又迎合了皇帝好自作主张的秉性。纪昀此举，真是一次一举两得的糊涂。

显然，正是由于纪晓岚的巧舌如簧，巧妙迂回，才使自己避免了一次又一次的"祸事"，并一生无忧，名垂青史。

【谈古论今】

我们知道，一个人的成长和进步是离不开上司的栽培和提携的。要想与上司相处得融洽，首要一点就是不能碰触上司的忌讳，并适合时宜地维护上司的权威。纪晓岚在这方面做得非常好，他深知乾隆"爱显摆"、好大喜功的个性，所以言行总是谨慎小心，不去触乾隆的霉头，尽量捧着乾隆去说，是故虽在喜怒无常的乾隆手下多年，倒也一直相安无事。我们不妨学学纪大才子，平时多去揣摩上司内心深处的需求。须知，只有体察到上司的行事意图，我们才能成为其得力助手，而不会因不慎的言辞使自己的事业横生枝节。

不让须眉

谁说女子不如男？！女人不仅有似水的柔情，有细腻的心思，有如花的美貌，更有绝顶的智慧！试看那些在"男权横行天下"的历史星河之中，闪耀着耀眼光芒的巾帼豪杰，她们哪一个的智谋又在男人之下？！

钟离春——先声夺人，荣登后位

世人多爱以貌取人，所谓"一俊遮百丑"，也就是说，一个人只要长得一表人才，那么即便他胸无点墨，即便他行为放荡，即便他有种种的不是，往往都能被人们所忽略。

相反，倘若一个人相貌奇特，丑陋无比，那么纵使他才华横溢，德行高尚，他也很难受到瞩目。这是世人的一个特性，虽有失偏颇，但也无可奈何。

钟无艳复姓钟离名春，春秋战国时齐国无艳人，世称钟无艳，是齐宣王的王后。

她被称为古代四大丑女之一，其人长得像石臼，眼睛深陷，鼻孔朝天，大喉头，黑皮肤，头发稀疏，驼背粗脖，40岁了还嫁不出去。

说实话，钟无艳确实丑的可以。若单以美貌而论，恐怕世上很难会有男人对其倾心。但就是这样的丑女，竟然成了堂堂的一国之后，并名留青史，不能不令人称奇。

【史事风云】

无艳虽丑，但是关心天下的兴衰，她看到齐宣王整天饮酒作乐，很想规劝一番。

有一天，无艳身着短衣，来到王宫门前，对看门的说："喂，请给禀报一声，就说我是齐国嫁不出去的丑女人，听说国君圣贤，愿给国君当嫔妃。"齐宣王闻报，觉得来客不凡，果然召见了无艳，并为她设宴接风。左右大臣看见无艳这副丑相，无不掩口大笑。齐宣王说："我宫中的嫔妃已齐备了，你想到我宫中，请问你有什么特殊的本事吗？"

无艳直率地回答："没有，只是会点隐语之术。"只见无艳举目咧齿，手挥四下，拍着膝盖，高声喊道："危险了！危险了！"反复说了四遍。

齐宣王赶紧追问隐语之术，无艳解释说，举目是替大王观察烽火的变化，咧齿是替大王惩罚不听劝谏的人，挥手是替大王赶走阿谀进谗之徒，拍膝是要拆除专供大王游乐的渐台。"那么你的四句'危险'呢？"齐宣王又问。无艳从容不迫地回答："今大王统治齐国，西有强秦之患，南有强楚之仇，外面有三国之难，朝廷上又有很多奸臣，而大王您又只爱阿谀奉承之徒。您百年之后，国家社稷就会不稳，这是第一个危险。您大兴土木，高筑渐台，聚集大量金玉珠宝，搞得百姓穷困，怨声载道，这是第二危险。贤明者躲藏在山林，阿谀奉承者在左右包围着您，奸邪的人立于朝堂，想规劝您的人见不到您，这是第三个危险。每天夜以继日地酒宴玩乐，只图眼前享乐，外不修诸侯之礼，内不关心国家治理，这是第四个危险。所以我说'殆哉！殆哉！'"齐宣王感到眼前这位丑女实在不凡，讲的都是关于治国安邦的大道理，指斥朝政得与失，句句切中要害。他想到无艳讲的四条"危险"，不由得不寒而栗，长叹一声说："无艳的批评太深刻了，我确实处于危险的境地。"于是，齐宣王立即按照无艳的劝谏，停渐台，罢女乐，退谄谀，选兵马，招直言，并纳无艳为王后。齐国从此大治。

【人物探究】

钟无艳为何能够打破世俗观念，以绝丑之貌，荣登王后位？

1. 先声夺人。钟无艳深知自己的优势与劣势。这劣势是无法隐藏的，给人的第一印象是不好的。所以要想引起别人的关注，就要先声夺人、先发制人，将自己的优势尽快呈现出来。于是，她"大言不惭"地说："喂，请给禀报一声，就说我是齐国嫁不出去的丑女人，听说国君圣贤，愿给国君当嫔妃。"此语一出，顿惊四座，连齐宣王都觉得此女不凡，所以她得到了人生的一大机遇——面见君王，陈述己见。见到齐宣王以后，钟无艳故伎重施，又是一番恰合时势且撼人心弦的惊人之语，这"先声夺人"之法算是彻底将齐宣王征服了。

2. 确有才学。常听人说："上帝为你关闭一扇门的同时，必然会为你打开另一扇门。"钟无艳相貌虽丑，但却胸怀大志，腹藏经纶。丑女在相貌上很难引人倾慕，倘若不在品行、学识方面多加修炼，那么恐怕真的就要终老闺中了。不信你看，与钟无艳齐名的我国古代三大丑女——轩辕黄帝的妻子嫫母、梁鸿的妻子孟光、许允的妻子阮女，哪一个不是品行高尚、满腹才识？

3. 慧眼识人。嫫母之所以能够成为黄帝的妻子、孟光之所以敢声称"非梁鸿不嫁"、阮女之所以能够征服两次逃出洞房的许允，就在于她们的丈夫不是俗人，他们对于品行与学识的看重更胜于相貌。想必钟无艳在觐见齐宣王之前，也对其人有了一定的了解，知道齐宣王当时虽有些无道，乃是因为身旁缺少能够劝谏之人，所以才敢自告奋勇、毛遂自荐要做嫔妃。倘若她遇到的是隋炀帝杨广，就凭这幅相貌，即便再有韬略，恐怕也会被撵出宫去。

基于以上三点，中国历史上便有了这样一位饱富才学、胸怀大略，又丑陋无比的王后。

【谈古论今】

"先发制人"乃是三十六计中的一个计策，其意为，竞争之时，先采取行动的一方往往处于主动地位，可以制伏对方。这一点在现代生活中很值得我们借鉴，在竞争白热化的现如今，在其它因素相同或基本相同的情况下，谁能够抢得先机，谁就可能成为最后的赢家，抢先的速度已成为竞争取胜的关键。

王娡——他山之石，可以攻玉

自古以来，后宫的争斗便是异常激烈。可以说，中国古代帝王后宫的女人相互争斗有很多原因，但其主要目的还是为了生存。后宫中的女人，只要能够得到皇帝的宠爱，那么多数是"一人得道，鸡犬升天"，整个家族的人都跟着沾光——姊妹弟兄皆列土，可怜光彩生门户。遂令天下父母心，不重生男重生女。相反，倘若是被皇帝所厌弃，那么等待你的就是永无休止的凄苦日子——泪湿罗巾梦不成，夜深前殿按歌声。红颜未老恩先断，斜倚薰笼坐到明。而这，还算是好的结局，倘若一不留神惹得皇帝龙颜大怒，那么极有可能便要香消玉殒了，甚至还会波及家族，历史上死于非命的皇后、嫔妃可谓不计其数。

于是，那些后宫女人们想方设法在皇帝面前争宠，其中有一种手段便是在子嗣上下工夫。正所谓母凭子贵，一旦自己的儿子当上太子，他日能够继承大统，自己这一生的权力富贵自然就不在话下了。汉武帝刘彻的母亲王娡算得上是这方面的高手，可以说刘彻能够当上皇帝，他的母亲绝对是功不可没。

【史事风云】

当年景帝即位时立薄夫人为皇后，但是薄皇后没有儿子，因此被废。汉景帝的长子刘荣被立为太子，刘荣的生母栗姬因此成为皇后的不二人选，同时栗姬深受景帝的宠爱，因此她有恃无恐。

景帝的姐姐长公主刘嫖见栗姬得势，便想把女儿阿娇嫁给太子刘荣，以此增加自己的势力。这本来是栗姬的一个千载难逢的好机会，如果她接受这门亲事，那她做皇后及太子以后的地位就会得到强大的支持和巩固，毕竟长公主在景帝和皇太后面前都是很有发言权的。可是栗姬却一口回绝了。

原来有几个受景帝宠爱的妃子、美人都是长公主刘嫖推荐入宫的，这让善妒的栗姬嫉恨不已，对长公主更是恨得咬牙切齿。所以栗姬根本不想和长公主搞好关系，直接回绝扫了长公主的面子，泄了心头之火。

栗姬的回绝刺伤了长公主的自尊心，她下定决心要报这一箭之仇，说什么也不能让栗姬当上皇后。于是长公主开始四处活动，造谣中伤栗姬，而这个机会被王娡抓住了，本来王娡并不受景帝的宠爱，但是她也有一个儿子，就是刘彻。王娡借故亲近长公主，还主动要求长公主把阿娇许配给刘彻，以取得长公主的支持。

长公主刘嫖先是在景帝面前中伤栗姬，说："栗姬与诸贵夫人幸姬会，常使侍者祝唾其背，挟邪媚道。"意思是说栗姬是用邪媚之术来迷惑景帝的。当时的皇家很迷信这些，对于邪术更是十分戒备——刘彻登基后就曾因为小人诬陷他的太子在宫中行邪术，而废了太子，还杀了不少人。景帝因此开始疏远栗姬。

长公主又在景帝面前说王娡的好处，但是景帝还是没有下决心废除太子刘荣。王娡便安排景帝与刘彻享受天伦之乐，这一精心的安排赢得了景帝对刘彻的好感。

有一次，景帝感到身体不适，觉得自己去日无多，便对栗姬说："希望你以后要好好对待我在各地为王的儿子。"但是善妒的栗姬不但没有答应，反而出言不逊，这令景帝大为心寒，促使他下定了另立太子的决心。

不久之后，景帝就废除了太子刘荣，并降为九江王。在王娡和长公主的策划下，刘荣自杀，栗姬也被打入冷宫忧郁而死。

而刘彻则顺理成章地成为了太子，王娡也因此一步登天。

【人物探究】

其实王娡入宫之前嫁过人，而且还有一个女儿，论资色她是比不过青春正盛的栗姬的，但是她处世圆滑，能够主动出击，把对自己不利的因素转化成有利的，结果不通世故的栗姬落得个凄惨的下场，而圆滑的王娡却享尽荣华富贵。

王娡的手腕不可谓不高，主要表现在以下几个方面：

1. 将自己隐藏起来。王娡这一招说白了就是借刀杀人。借刀杀人者，不露声色，无须亲自提刀跨马，所以根本不会落下"杀人"的嫌疑，同时又可完整保存自己的实力，这可谓是"老谋深算"。

2. 将自己与儿子保护起来。王娡借刘嫖之口除掉栗姬，汉景帝断不会猜到是她有意策划，不会对她产生厌恶感，如此一来她的儿子刘彻继承大统的概率更是大增。进一步说，即便刘嫖扳不倒栗姬，那么自己也不过是个"事外人"，栗姬自然不会报复到自己头上，自己与儿子尚可安枕无忧，这一招进可攻、退可守，着实高明。

3. 麻痹对手，杀人于无形。想必，栗姬当时定然将更多精力放在能够与之争宠的妃嫔身上，断然不会想到皇姐刘嫖会处心积虑地欲置自己于死地——历来都是嫔妃之间相互倾轧，刘嫖这举动不合游戏规则啊！也是栗姬太张狂，得罪了长公主刘嫖，给了王娡可乘之机，于是，她就这样不知不觉地被扳倒，郁郁而终。

这个例子很残酷，并不是说王娡的所作所为就可取，但是对于做人处世来说，能有王娡这样圆滑的手段还是有作用的。只要我们能在处世变通的同时记住一个原则：内心中正，诚信为本，那么我们就能够处世灵活而心态成熟，在做人处世时能保持适度的弹性，把握好说话的分寸，学会婉转和含糊，以保持平衡的人际关系。

【谈古论今】

"借刀杀人"这一计多在封建官僚的尔虞我诈中出现，看上去不够光明磊落，似有小人之嫌。但你要知道，在惨烈的生存竞争中，你不"杀人"，就很有可能被别人"杀掉"。当对方咄咄逼人，当对方把我们逼得走投无路之时，我们又能怎样？

武媚娘——识人有数，谋定靠山

武则天绝对是中国历史上的一个奇迹，她在男权至上的我国封建社会，凭借着高超的智谋、狠辣的手腕，成为了千古第一位女皇帝，也是中国历史上的唯一一位女皇。

她曾是李世民的"才人"，后又成为李治的皇后。她玩政治玩得如鱼得水、炉火纯青，她将江山尽掌握在手中，易唐为周，做成了天下女人做梦都做不到的事情。

她令天下所有男人匍匐在自己的脚下，抖尽了文武百官跪呼万岁的威风。

纵观武则天一生，可以说一直在权力旋涡中游弋，她媚态吊李治，弑女废皇后，到后来的临朝称帝、君临天下，无一不是靠非常手段得来的。武则天有美貌、有手段、有狠心肠，不胜出才怪。但在其中，慧眼识人，傍住李治这棵大树，绝对是至关重要的一步。正是这一步，使她得到了重返宫廷的机会，中国历史上才出现了唯一的一位女皇帝。

【史事风云】

贞观十一年，年仅十四岁的武则天被选入后宫。年已不惑，又痛失爱妻长孙皇后的唐太宗李世民，自见到武则天的第一面起，便尽扫心中忧愁，迷恋上了她的美貌，并为其赐名"武媚"，封为"才人"，此后亦是恩宠有加。

武则天进宫之时豆蔻年华，花一样的少女自然充满无限憧憬，她原本以为自己可以拥有很好的未来。但事实上，入宫多年，虽得太宗恩宠，却始终只是个"才人"而已，使得她在后宫一直没有发展的机会。

那么，唐太宗为何不给武则天"升迁"的机会呢？这缘起于一则民间秘传。

当时，民间传说："唐三世之后，女主武王代有天下。"对此，唐太宗曾询问朝中太史令李淳风，李淳风给他的答复是："此人已经在宫中，三十年后，当有天下，杀李唐子孙殆尽，其征兆已成。"唐太宗大惊失色，准备尽杀可疑之人。李淳风劝道："天之所命，人不能违，王者不死，徒多杀无辜；且自今以后三十年，其人已老，或者颇有慈心，为祸或浅。今天如果把她杀掉，上天或者更生出一个年轻力壮的来，肆其怒毒，恐怕那时陛下的子孙更加无遗类了啊！"英明神武的唐太宗很容易联想到了武则天，想逐出，又不舍，唯有尽量控制她的地位。

武则天自然非寻常女子可比。她深知，太宗较自己年长很多，倘若不尽快为自己找到一个"靠山"，待太宗百年终老以后，自己的境况必然会很惨。

当时，太子承乾因声色犬马丢了储君之位，魏王李泰英俊潇洒，又深得太宗宠爱，继承大统的概率非常高，所以后宫不少嫔妃都暗暗与之结下私情，为自己的将来留下后路。武则天则不然，她细细观察，便觉魏王李泰浮华阴险，难成大器，纵使得承皇位，日后也必是一个薄情寡义的负心郎。于是，她将目标锁准了生性懦弱又忠厚踏实的晋王李治。

于是，武则天不露声色地逐步接近自己的"意中人"。一日，晋王从厕所出来，武则天用金盆盛水捧给他洗手，颔首半跪，半羞半娇，极尽挑逗。美人顾盼，李治终于按捺不住心中那一团热火，洗手之时，情不自禁地撩起水，轻轻向武则天脸上弹去，并戏吟道："乍忆巫山梦里魂，阳台路隔恨无门。"

武则天才思聪慧，张口附道："未曾锦帐风云会，先沐金盆雨露恩。"

就这样，郎有情，妾有意，二人终于成了好事。李治并非魏王泰，他忠厚重情，在枕头上立下誓言，表明生生世世绝不会忘今日之情。

武则天侍奉太宗多年，对于太宗的脾气秉性可以说是了如指掌，于是在她的调教下，李治越发"懂事"起来，尽得太宗欢心。恰在此时，魏王泰又被查处结党营私，倾轧太子。李治一时间可谓没有了竞争对手，后又得舅舅长孙无忌推荐，便顺顺利利地入主东宫。

贞观二十三年，太宗李世民驾崩，太子李治登基。按照当时律例，凡经过先皇召幸的后宫嫔妃，必须离开内宫，削发为尼，武则天虽与新皇有情，但仍未能幸免于难，被迫随众来到感业寺水仙庵出家为尼。

武则天在感业寺一住就是五年。这期间，她曾有过怨恨，怨恨韶华虚度，怨恨李治薄情寡义，怨恨自己识错了人。正当她濒临绝望之际，高宗李治携王皇后驾临感业寺，为太宗进行五周年祭祀。

武则天深深知道，倘若错过这一次机会，自己便真的要常伴青灯古佛了。于是，在高宗为太宗拈香祈祷之时，武则天一瞬不瞬地望着高宗，双颊泛起醉人的红晕，正是"莫道相对无言语，一点灵犀暗里通"。最后，竟惹得李治落下泪来。

不久，在王皇后的安排下，武则天被秘密地接进宫来。这时，她三十一岁，除却绝代的姿容，更兼有成熟女人特有的风情与柔情，将小她四岁的李治撩拨得如痴如醉，牢牢抓在手中。回到宫中的第二天，武则天便被封为了"昭仪"，位列九嫔之首，地位仅次于皇后和四夫人（即贵妃、德妃、淑妃、贤妃），从此便开启了她呼风唤雨、君临天下的篇章。

【人物探究】

　　武则天临死之前，料到后人会对自己褒贬不一，于是特意叮嘱，在她的墓碑上不写一字，世称"无字碑"。然而，这个不为自己留下一字的女人，后人为她所撰的评述及传记，却较之任何一个树碑立传的帝王都要多，焉能说这不是一个传奇？

　　武则天绝对是个聪明的女人，但凡聪明之人，都会在生活中时刻留意，寻找一切可以利用的机会，帮助自己赢得成功。而武则天的成功，正是得益于此。

　　其实，武则天政治生涯中的每一次进步，都与她正确的选择有着莫大关系。试想一下，一个风头正旺，一个生性懦弱，倘若让你在二人中选一个做靠山，你会选择哪一个？相信绝大多数的女人都会选择前者。武则天之所以能够令所有女人顶礼膜拜，或许就在于她的与众不同。她弃前者而选后者，反倒成就了自己的盖世基业。我们不妨假想一下，如果当初武则天选择的是魏王李泰，而李泰侥幸当上了皇帝，事情又会怎样发展呢？

　　1. 薄情寡义的李泰在新鲜过后，便红颜未老恩先断，对武媚娘弃如敝履，至尊红颜很有可能郁郁不得志，终老宫中。

　　2. 李泰不似李治那般性格懦弱，断不会事事依着武则天，武则天的女皇梦很有可能会化为泡影。

　　基于此，我们有理由相信，武则天选择李治、帮助李治登上皇位，是有其政治目的的，她是在用智慧为自己权力之路披荆斩棘，她不著一字，却尽得风流！

【谈古论今】

在我们步入社会、尤其是进入职场以后，文凭的效用将逐渐变得模糊。大家的起点大致相同，能力又不相上下，除非你特别出众，否则很难处于领先的位置。因而，若想尽快拔得头筹，我们必须借助外界力量，为自己寻找一位"贵人"，并紧紧追随在贵人身后，这或许是你成功的最快路线。

马秀英——厚德载物，母仪天下

一个人能否以宽容的心对待周围的一切，是有无素质和修养的体现。大多数人都希望得到别人的宽容和谅解，可是自己却做不到这一点，因为总是把别人的缺点和错误放大成烦恼和怨恨。宽容是一种美，当你做到了，你就是美的化身。

天空可以接纳每一片云彩，无论其是美是丑，所以天空辽阔无边；泰山能容纳每一块石砾，不论其大小，所以泰山一览众山小；沧海不择细流，故而能就其深；人若能容他人所不能容，则必是人中之佛。

大明开国皇后马秀英，原本只是一位颇具叛逆精神的普通女子。她生于乱世，有胆有识，在金戈铁马中，全力辅助朱元璋开创大业，五次救朱元璋于危难之际。她成为皇后以后，虽令天下百姓膜拜，富贵至极，但仍不骄奢，始终将百姓疾苦放在心上；她秉持勤俭本色，拥有一颗平常心，多次用自己的言行规劝、影响朱元璋。她对待奸佞之徒毫不手软，辅社稷鞠躬尽瘁，护忠臣睿智灵活；她宽容大度，厚德载物。明太祖朱元璋称赞她："家有贤妻，犹国之良相。"她对于后世产生了极大影响，从明至今，很多妇女都将其视为楷模。她是史学家公认的中国封建社会第一贤后。

【史事风云】

明开国皇帝朱元璋发妻马秀英，自幼亡母，被郭子兴夫妇收为义女。后战火起，马秀英先后追随义父、丈夫驰骋沙场，无暇顾及裹足之事，遂成了中国古代罕有的一位天足皇后。

元末，郭子兴率红巾军占领濠州，朱元璋投到郭子兴麾下当亲兵，因骁勇善战，屡立战功，深得郭子兴的赏识，并将养女许配给他。当时朱元璋25岁，马秀英21岁，年龄、身世都很般配。

这一天，郭子兴召帐下大将商议下一步的军事行动，众将对郭帅的策略连连称是，唯独朱元璋持有不同意见，他毫无顾忌地侃侃而谈，让郭子兴大为光火，最后翁婿二人竟因意见不合争执起来。郭子兴感觉被扫了颜面，盛怒之下将朱元璋幽禁。原本，郭子兴此举只是为了泄一时之愤，没有想过要置朱元璋于死地。但是，郭子兴手下那些妒忌朱元璋的人可不这样想，他们瞒着郭子兴，暗中断绝了朱元璋的饮食供给，想将他活活饿死。

马秀英知道以后焦急万分，可当时的粮食供给非常紧张，红巾军中每人每天只有定量的食品，就连元帅的女儿亦没有特权。于是，马秀英每天都装作身体有恙，在卧室中就餐。其实，她每次只吃几口，却将大部分省下来，趁着夜色将省下来的食物偷偷送给朱元璋，这才保住了朱元璋不死。不过，就这点食物，毕竟不够朱元璋的能量消耗。为了让丈夫吃饱，端庄高雅的马秀英只得去厨房行窃。这天，她看准了厨房中的烧饼刚熟，厨子又不在，便悄悄溜进去，抓起几个热气腾腾的烧饼连忙揣进怀里。不料刚一跑出厨房，就与养母张氏撞了个满怀，张氏见她神色慌张，不免大起疑心，问道："女儿为何如此慌张？"马秀英忍不住满腔委屈，伏地大哭，将事情一五一十地禀明了养母。张氏听了大感震惊，等解开衣襟时发现，马秀英的胸脯已经被烫伤。于是在张氏的干预下，朱元璋终于逃过了一劫。

马秀英在成为皇后以后，并没有像有些人那样暴露出"暴发户"本性，而是以身作则，竭力辅佐夫君治理天下。对待自己及子女，她要求甚严，而对待下属臣民则仁慈有加，能容则容。

马秀英虽贵为皇后，但每天仍亲自操办朱元璋的膳食，连皇子皇孙的饭食穿戴，她也会亲自过问，可谓无微不至。嫔妃多劝她保重身体，别太劳累，马皇后对嫔妃说："事夫亲自馈食，从古到今，礼所宜然。且主人性厉，偶一失饪，何人敢当？不如我去当中，还可禁受。"一次进羹微寒，太祖因服膳不满而发怒，举起碗向马皇后掷去，马皇后急忙躲闪，耳畔已被擦着，受了微伤，更被泼了一身羹污。马皇后热羹重进，从容应付，神色自若。嫔妃才深信马皇后所言，并深深为马皇后的道德人品折服。宫人或被幸得孕，马皇后倍加体恤，嫔妃或忤上意，马皇后则设法从中调停。

皇子朱植性格放荡不羁，长大后被封到开封做周王。马皇后对他极不放心，周王临行时，便派江贵妃随往监督，还把自己身上的纰衣脱下来交给江贵妃，并赐木杖一杆嘱咐："周王有过错，就令他纰衣杖责。如敢违抗，驰报朝廷。"从此一见着慈母的纰衣，周王便生出敬畏之情，不敢胡作非为。以严为爱是马氏对待子女的原则。对宁国公主、安庆公主等人，马氏要求她们勤劳俭朴，不能无功受禄。对待朱元璋的义子宋文正、李文忠等，她细心照顾视为己出。每逢岁灾辄率宫中之人节衣淡食。太祖谓已发仓赈恤，不必怀忧，后谓赈恤不如预备，朱元璋甚以为然。

有人报告参军郭景祥之子不孝，"尝持槊犯景祥"，差点儿将景祥打死。太祖听后大怒，欲将其正法。马皇后得知后劝朱元璋说："妾闻景祥只有一子，独子易骄，但未必尽如人言，须查明属实，方可加刑。否则杀了一人，遽绝人后，反而有伤仁惠了。"于是朱元璋派人调查，果然冤枉。朱元璋叹道："若非后言，险些断绝了郭家的宗嗣呢。"

朱元璋的义子李文忠守严州时，杨宪上书诬劾，朱元璋想召回给予处罚。马皇后认为："严州是与敌交界的重地，将帅不宜轻易调动，而且李文忠一向忠实可靠，杨宪的话，怎能轻易相信呢？"太祖向来敬重信赖马皇后，就派人去严州调查，果然不实，文忠于是得以免罪。

某元宵灯节，朱元璋与刘伯温偶来兴致，下访京城灯会。行至一商铺门前，朱、刘二人见众人在猜灯谜，好不热闹，便凑上前去。其中一副有趣的图画谜面，引起了朱元璋的注意。画中是一妇人，怀抱西瓜，一双大脚颇为醒目。朱元璋不解其意，便问刘伯温："此迷何解？"刘伯温略作沉吟，答道："此乃淮西大脚女人。"朱元璋仍不解，追问："淮西大脚女人是谁？"刘伯温不敢直言，于是说道："陛下回宫后问皇后娘娘便知。"

回宫后，朱元璋迫不及待地向马皇后提及此事，马皇后粲然一笑："臣妾祖籍淮西，又是大脚，此谜底想必就是臣妾。"朱元璋闻言大怒："乡野草民竟敢调侃一国之母！"遂下旨将挂此灯谜的那条街居住的百姓全部抄杀。马皇后见状急忙劝解："元宵佳节，万民同乐，臣妾本是大脚，说说又有何妨？区区小事，何足动怒？以免惹得天下人耻笑。"

朱元璋听后，深以为是，此事遂得以作罢。

一次，朱元璋视察太学（国子监）回来，马皇后问他太学有多少学生，朱元璋答有数千人。马皇后说："数千太学生，可谓人才济济。可是太学生虽有生活补贴，他们的妻子儿女靠什么生活呢？"针对这种情况，马皇后征得朱元璋同意，征集了一笔钱粮，设置了20多个红仓，专门储粮供养太学生的妻子儿女，生徒颂德不已。这说明在用人方面，马皇后非常爱惜人才。

此类事情还有很多，也正因如此，马秀英深受满朝上下以及黎民百姓的爱戴，天下无不尊敬，后世更是将其称为"千古第一贤后"。

【人物探究】

中国历史上,能称得上"贤后"的不乏其人,但能做到马秀英这种地步的还真是屈指可数。在古代,后宫争斗何其激烈,更何况,朱元璋的性情又是如此暴躁,马秀英能一直稳居六宫之首,深得皇帝、后宫嫔妃、满朝文武乃至黎民百姓的爱戴,这与她的厚德载物、宽容大度是绝对分不开的。

1. 为妻。她侍夫至上,受苦难无数,却始终以夫君为先,屡救朱元璋于危难,无怨无悔地付出,尽心竭力地辅佐,是古今贤妻的典范。

2. 为母。她教子有方,身体力行,宽严相济,是古今良母的楷模。

3. 为后。她治理后宫仁慈宽爱;对待群臣公正公平,宽容大度,惩恶扬善;她能体恤百姓的疾苦,敢在朱元璋面前为百姓说话,是为后者的表率。

一代贤后马秀英,平时柔顺无争,当风云变幻时却能迸发出许多男人所不能企及的智慧与勇气,她富贵而不忘本,将自己的善良、宽容以及克己为人的品德,从微贱时一直保持到母仪天下之后,且一生不曾改变。

古人云:"以力服人者,非心服也,力不瞻也;以德服人者,心悦诚服也。"基于权力、财富、武力之外的人格感染力,是能让人们真正热爱、信服的一种感召力。德,是我们生存于世所必须具备的素养,是我们受用终身的宝贵财富。为人者,应加强自身人格修养,增强人格感染力,厚物载德,以德服人。事实上,对于很多事情来说,内心善良的厚道之德总能让你事半功倍,因为至少它会让你远离错误。这,正是一代贤后马秀英教给我们的处世哲学。

【谈古论今】

一个人能否得到众人的喜爱,让别人从心底佩服你、尊敬你,并不在于你有多么光鲜的外表,多少耀眼的财富、权力,或是多么强横的武力,而是在于你是否具有宽广的胸怀、高尚的德行。一如古语所云:"遇欺诈之人,以诚心感动之;遇暴戾之人,以和气熏蒸之;遇倾邪私曲之人,以名义气节激砺之;天下无不入我陶冶矣。"即,遇奸猾狡诈之徒,要用赤诚之心来感动他;遇乖张暴戾之徒,要用温和态度来感化他;遇私心过重、行为不端之徒,要用大义来激励他。若能如此,那天下人都将为你的美德所感化。

慈禧——引人注目,自有妙法

慈禧,应该是中国历史上背负骂名最多的女人,她主持下的满清政府,签订了一系列丧权辱国的条约,她阻挠革新,残杀仁人志士,置百姓于水火之中,后人对她这些愚蠢的举措可谓痛恨至极。

但细思之,慈禧绝不是许多人想象中的那么愚蠢。在那个君权至上的封建社会,什么忍辱割地、什么民众疾苦,都不及君权重要。慈禧要把握的是君权,最终导致她顾此失彼。

我们想象得出,在男权至上的封建社会,一个女人能够攀上权力的巅峰,她的智商会低吗?只不过,她作为满清政府的当家人,她的立场难以与中华民族的立场达成一致。

其实从某种意义上讲,慈禧是成功的。因为她在男人主宰的世界中,掌控了本应由男人握在手中的最高权力,并且按照自己的意志,书写着中国的历史。

或许有人要问:当时选秀入宫的女子成百上千,为何慈禧能够脱颖而出?为何会令咸丰帝对她宠爱有加?其实这里是有一段逸事的。

【史事风云】

　　慈禧本名叶赫那拉·兰儿，是满洲镶黄旗人。她从小聪颖过人，胸怀大志，以为入宫后一定能母仪天下。咸丰三年，她如愿进宫，成为一名宫女。一年后，被分配到圆明园执役，住在"桐荫深处"。咸丰皇帝一年难得去圆明园几次，"桐荫深处"又是在比较隐秘的地方，就等于是打进了冷宫。所以，她进宫后很长时间，竟然连咸丰皇帝的面都没见着。

　　然而，命运就是这么眷顾兰儿。当时太平天国运动正在高潮，清兵屡战屡败，咸丰皇帝心烦意乱，索性躲进圆明园内，寄情于声色。兰儿听说每日饭后，皇上必定坐着八个太监抬的小椅轿，到"水木清华阁"去午睡片刻，有时经由"接秀山房"前往，有时从"桐荫深处"经过。富有心机的兰儿算准了时刻，天天精心打扮，哼着小曲，希望以自己婉转的歌喉吸引咸丰。

　　苍天不负有心人，兰儿的歌声终于引起了咸丰皇帝的注意。一天，她在圆明园凭栏远眺，不禁哼起了一首江南小调，曲中流露出一股幽怨之情。恰好此时咸丰皇帝乘凉辇在园中游玩，被歌声打动。杏花、春雨、江南、美人，咸丰皇帝一下子对兰儿生出了百般怜爱。这一晚，叶赫那拉·兰儿沾到了天子的雨露，受到了皇上的宠爱。接下去一连几晚薄暮时分，兰儿便洗过了兰花浴，轻匀脂粉，通体熏香，专等咸丰皇帝召宠。

　　不久后，兰儿就被封为"贵人"，住进了"香远益清楼"。过了一段时间，又搬到"天地一家春"，开始帮着咸丰皇帝批阅奏章了。咸丰六年，即兰儿21岁时，她怀上了身孕，咸丰一高兴便晋封她为懿嫔。三月二十三日，懿嫔为皇上生下一位皇子，取名载淳。咸丰皇帝终于有了儿子，这自然是一件天大的喜事，虽然当时中国南方烽火连天，但宫中却热热闹闹地大肆庆祝，满朝文武也都欢天喜地。由于满足了咸丰皇帝盼子心切的愿望，兰儿更是如鱼得水，母以子贵。咸丰把懿嫔封为懿妃，等到皇子周岁时，再封为懿贵妃。至此，叶赫那拉·兰儿已经是后宫中的第三号人物了。

但是，在那个封建宗法制度十分严格的时代，嫡庶之分也泾渭分明，她还不可越雷池一步。历史上皇后夺取庶出的儿子为己有，亲生母亲遭受废黜甚至被杀之事比比皆是。然而，懿贵妃却很幸运，比她小两岁的皇后钮祜禄氏并不争风吃醋，善良本分，加上懿贵妃处心积虑，曲意逢迎，博得了皇后的好感，甚至在皇帝面前为她美言，这也使懿贵妃得以一帆风顺地朝上爬去。由于体弱多病，再加之当时内忧外患，咸丰皇帝烦心地连奏章都懒得批阅，懿贵妃便主动代策代行。

咸丰十一年（1861年），咸丰皇帝病逝。此后，26岁的年轻寡妇携着一个懵懂无知的孤儿，挑起了大清帝国的重任。她以一个女人少有的胆识、谋略和才干，联合皇后、恭亲王发动了辛酉政变，除掉了八位顾命大臣，垂帘听政，把握权柄。在此后的48年统治生涯里，同治、光绪两个皇帝都成了她手中的傀儡。

【人物探究】

慈禧一生，垂帘三度，两决皇储，独断乾纲，将大清国脉控制在股掌之中，甚至在很大程度上影响了中国近代历史的走向。显然，慈禧是具有其独特的能力的。

1. 洞悉人性。所谓大人物，都是能够洞悉人性的，慈禧自然也不例外，她知道咸丰喜欢什么、需要什么，总是能投其所好，这正是她专宠于后宫的法宝。慈禧曾分析和珅得宠的原因，她说："和珅能够洞悉人性，知道皇帝需要什么。"

2. 工于心计。慈禧的工于心计，在辛酉政变中体现的淋漓尽致。对手是八位位高权重的大男人，并且在热河有着强大势力。慈禧在与他们的周旋中，数次以退为进，以其独有的冷静与睿智，步步设局，最终一举夺回了掌控国家的权力。其设计之缜密、布局之巧妙、处理之得当，不得不让人承认慈禧身上确实存在着封建帝王特有的气质。

3. 柔中带刚。作为女人，慈禧有其柔性的一面，她可以轻办肃顺一党，她会与德龄公主游玩，询问侍女的打扮，但这一切都是在建立在不威胁其权力的基础上的。而一旦有人威胁到她的权力，慈禧便会使出铁手腕，谁挡杀谁。慈禧的刚性，还体现在她的临危不乱，当八国联军入侵北京的消息传来时，咸丰皇帝吓得不知所措，慈禧却能从容不迫。

这个主宰中国命运近半个世纪的女人，在她身上，确实透着一股帝王霸气，她能与吕后、武则天并称于历史，谁又能说她愚蠢呢？

【谈古论今】

别天真地以为"是金子总会有发光的一天"，你的才学如果不为人知，不被人发现，就会像地下尚未开采的煤一样，深深埋在地下，永远也不会有出头之日。所以，要想得到其他人的承认，不仅要主动推销自己，还要善于推销自己。一个人，即便再有才华，倘若不懂得推销自己，就很难有所作为。

史海沉舟

千里之堤，溃于蚁穴！细节决定成败！不谙世事，不注意处世时一些看似无足轻重的细节，那么早晚会毁在这些细节之上。历史上，有很多人物虽辉煌一时，但却转瞬即逝，留给后人的唯有感慨与惋惜。他们不是无才，否则也不会享誉天下，但他们却"聪明反被聪明误"，在细节的把握上失了策略，最终葬送了自己的一生。

商鞅——矫枉过正，功败垂成

我们做任何事都要留余地，不要把事情做得太绝，这样即使是造物主也不会嫉妒我们。假如一切事物都要求尽善尽美，一切功劳都希望登峰造极，即使不为此而发生内乱，也必然为此而招致外患。

商鞅可以说是我国最早的、正式提出改革的人。与绝大多数改革家一样，他改革的目的是好的，而且结果也不错——秦国确实在他的治理下逐渐强大起来。但是，他过于心急，做法又未免有些刻薄，因而在大张旗鼓地运作一段时间以后，便引起了下至百姓、上至君臣的不满，不但新法未能继续推行，自己也走上了奈何桥。

【史事风云】

商鞅是战国时期的卫国人，姓公孙，所以也叫卫鞅或公孙鞅。他原本在魏国宰相公叔痤手下任中庶子，帮助公叔痤掌管公族事务。

公叔痤很欣赏商鞅的才华，曾建议魏惠王用商鞅为相，但魏惠王瞧不起商鞅，便没有答应。公叔痤死前又向魏王建议，魏王仍没有起用商鞅。

公叔痤死后，失去了靠山的商鞅便投奔到了秦国。通过宠臣景监的荐举，秦孝公多次同商鞅长谈，发现商鞅是个难得的治国奇才，便"以卫鞅为左庶长，卒定变法之令"。

秦孝公之所以看重商鞅，是因为当时新兴地主阶级认为封建生产关系已经登上政治舞台，社会正处于新兴的封建制取代奴隶制的大变革时期，商鞅变法正好适应了社会变革的需要。同时秦孝公也是一位奋发有为的君主，商鞅提出的一整套富国强兵的办法，也正好符合他的愿望。

商鞅变法的主要内容是：废除井田制，从法律上确认封建土地所有制，"为田开阡陌封疆，而赋税平"。商鞅特别重视农业生产，鼓励垦荒以扩大耕地面积；建立按农、按战功授予官爵的新体制，以确立封建等级制度；废除奴隶制的分封制，普遍实行法治，主张刑无等级。

商鞅变法的基本内容都是促使社会发展的进步措施，当然会受到许多守旧"巨室"的反对。变法之初，专程赶到国都来"言初令之不便者以千数"，甚至太子还带头犯法。为了使变法顺利实施，商鞅毫不留情，"刑其傅公子虔，黥其师公孙贾"，真正做到了"王子犯法与庶民同罪"。结果，新法实行十年，秦国便国富兵强，乡邑大治。最后，秦孝公成为战国霸主。

然而，正当商鞅在秦国功勋卓著的时候，他却反而感到孤寂和迷惘，为什么会这样呢？他自己也弄不懂。于是，商鞅便去请教一个名叫赵良的隐士。他对赵良说，秦国原本和戎狄相似，我通过移风易俗加以改除，让人们父子有序，男女有别。这咸阳都城，也由我一手建造，如今冀阙高耸，宫室成区。我的功劳能不能赶上从前的百里奚呢？百里奚是秦穆公时的名臣，现在商鞅和百里奚比，当然颇有一点委屈的情绪。谁知赵良却直率地说："百里奚一得到信任，就劝秦穆公请蹇叔出来做国相，自己甘当副手；你却大权独揽，从来没有推荐过贤人。百里奚在位六七年，三次平定了晋国的内乱，又帮他们立了新君，天下人无不折服，老百姓安居乐业；而你呢，国人犯了轻罪，反而要用重罚，简直把人民当成了奴隶。百里奚出门从不乘车，热天连个伞盖也不打，很随便地和大家交谈，根本不要大队警卫保护；而你每次外出都是车马几十辆，卫兵一大群，前呼后拥，老百姓吓得唯恐躲闪不及。你的身边还得跟着无数的贴身保镖，没有这些，你敢挪动半步吗？百里奚死后，全国百姓无不落泪，就好像死了亲生父亲一样，小孩子不再歌唱，舂米的也不再喊着号子干活，这是人们自觉自愿地敬重他；你却一味杀罚，就连太子的老师都被你割了鼻子。一旦主公去世,我担心有不少人要起来收拾你,你还指望做秦国的第二个百里奚,岂非可笑?为你着想,不如及早交出商、於之地,退隐山野,说不定还能终老林泉。不然的话,你的败亡将指日可待。"

果不其然,秦孝公死后,太子继位,是为秦惠王,公子虔等人立即诬告"商君欲反",并派人去逮捕商鞅。商鞅走投无路,最后只好回到自己的封地商邑,秦发兵攻打,商鞅被杀于渑池。秦惠王连死后的商鞅也不放过,除了把商鞅五马分尸外,还诛灭其整个家族。

【人物探究】

商鞅变法前期之所以能够成功,主要是他能够抑制上层保守派的反抗,例如刑及太子的老师。试想,太子犯法尚且不容宽恕,老百姓当然只有遵照执行了。但这同时,也就给商鞅埋下了致命的败因。"商君相秦十年,宗室贵戚多怨恨者。公子虔杜门不出已八年矣。"一旦有机可乘,上层保守派肯定会合而攻之。

商鞅本意也许是想从严治国,但做法未免太过苛刻了一些,我们且看看他颁布的几条主要国政:

1. 定都咸阳,建县开荒兵役赏罚等。
2. 连坐,一人犯罪,五家为保,十家连坐,也就是说一个人犯罪,其他九家都得检举,不检举的话,十家一同连坐,一同腰斩;告发者升爵一级。
3. 出外住店等都要文书,否则不准收留。

事实上,这些国政除第一条外,其余两条均属暴政范畴,虽不论官民一视同仁,但确实过分了一些。

对于这些新政,老百姓自然众口不一,商鞅将议论新政者一一法办。在他看来:说好的就是奉承,该杀;说坏的就是在扰事,更该杀。商鞅还经常亲自查看囚犯,曾在一天之内连杀700余人。于是,他成了

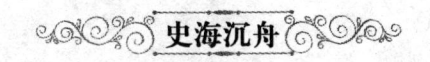

全民公敌。商鞅被处以极刑时，满朝文武无一为其求情，百姓争食其肉。

毫无疑问，商鞅对于秦国的发展壮大，有着莫大功劳，然而，却令全国上下对他恨之入骨，他的一生是不是该给我们一点警醒呢？

【谈古论今】

事事留有余地，从多方面考虑事物发展的大势，无论为文还是从政经商都有大益。俗话说，做日短，看日长。要考虑到将来的前程，设身处地地想，人生的福分就像银行里的存款，不能一下子就透支，应当好好珍惜，精打细算，方能细水长流。不因一时贪心毁坏将来的名声，抱着平常心，乃是得乐的大法。

吕不韦——审时度势，稳中求进

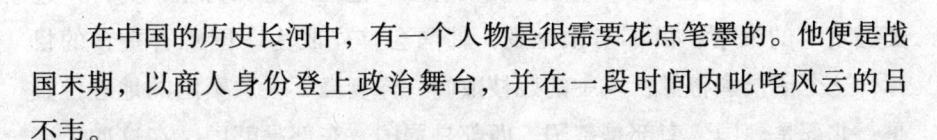

在中国的历史长河中，有一个人物是很需要花点笔墨的。他便是战国末期，以商人身份登上政治舞台，并在一段时间内叱咤风云的吕不韦。

其实，若论名气，吕不韦不及功名显赫的秦皇汉武、唐宗宋祖；论治世之能，他亦比不上萧何、诸葛亮等名相。而且一直以来，吕不韦在人们心目中都是一个备受争议的人物，他的是是非非，是很难用几句话说清楚的。

但是，倘若我们抛开是非论，不把他放在战国时期的特定历史背景下去审视，你就会发现，吕不韦对于中国的历史发展其实是有一定贡献的。他是中国历史上商人从政的第一人，清末豪商胡雪岩对此亦是望尘莫及，他对于秦王朝的影响是何其深远！甚至说他改变了中国历史，也不过分。他是中国古代最大的投机家，他的权术、公关等手腕虽有些龌龊，但实用性很强。倘若我们称吕不韦为盖世英豪，或许会有人反对，但若说他是一个千古奇人，则一点也不为过。

【史事风云】

吕不韦出身于卫国，对于有意在发家致富后结交权贵以登仕途的他来说，在卫国这种小环境下是没有发展前途的。因此，当赵国使者提出购买百件圭璧之器时，吕不韦很快就作出决断接下了这单生意，当时圭璧是用以礼定王公贵戚的爵位，在卫国属于严禁运进和出售的商品，违者全家斩首。在这种风险之下，吕不韦仍然敢接这单生意，固然是因为其利润极高，更重要的是吕不韦已经决定离开卫国去大国发展。

吕不韦选择去了韩国的首都阳翟。他之所以如此选择，是因为阳翟乃是当时最大的玉器交易中心，各国商人都从此进购玉器，吕不韦在这里做生意，赢利丰厚。但是，吕不韦很快又发现了韩国也并非久留之地。

当时，秦国正处在秦昭襄王执政阶段，他任用范雎为相，实行"远交近攻"的策略。吕不韦预见到，韩国会首先成为秦国鲸吞蚕食的目标，这个诸侯国将像秋风中的残枝败叶一样衰微下去。秦国的地理位置是：北部是魏国，南部是楚国，西部是蜀国，东部是韩国。在这四个诸侯国中，韩国与秦国的土地纵深交错，相连最紧，成为秦国的心腹之患。所以秦国定会首先大动干戈，攻势凌厉地向韩国发动军事进攻。

吕不韦清楚地看到，韩国政局动荡不安，人民流离失所。阳翟城内大部分男丁都被征编到军队去打仗，剩下的妇孺残叟也人心惶惶，不少居民举家逃匿到别的诸侯国。他不能无可奈何地看着他的珠宝生意日甚一日地萧条下去。他觉得在韩国，别说是封侯拜将，就是贵为韩王，最终也将成为"最是仓皇辞庙日，教坊犹奏别离歌，垂泪对宫娥"的亡国之君。

看清楚了各国形势后，吕不韦决定离开阳翟，另觅去处。当时赵国乃是七国中仅次于秦的强国，兵强马壮，实力雄厚，而且有蔺相如、平原君赵胜等贤臣辅佐，加上吕不韦玉店的最大一个分号就在邯郸，他决定迁移到赵国。

吕不韦赴赵国时，赵国取得阏于之战胜利不久，国力正强。吕不韦的生意越做越大，他巧妙地结识了质于赵的秦王孙异人，动了去秦国发展的念头。他决心将异人捧为秦王，从而实现自己的梦想。其间，他又通过平原君成为赵王的座上宾客。他发现赵王处事刚愎自用，却又偏偏目光短浅。他断定赵王不足以成大事，正在此时，秦赵又起战端，更加验证了其看法，也坚定了其离开赵国的意愿。

这时，他发现了质于赵的秦王孙异人，当得知其身份后，吕不韦欣喜若狂，深感他奇货可居。吕不韦决定将异人捧为秦王，到时就可实现自己数十年来高踞朝堂之上的梦想。于是，吕不韦开始在秦赵之间奔波，为立异人为太子嫡嗣之事四处打通关节。他花费了千金巨资用以打点，终于，秦太子安国君的宠妃华阳夫人愿意认异人为子，立嗣之事算是成功了大半，而吕不韦也被任命为异人的太傅。

立嗣的成功，给了吕不韦极大的鼓舞。他似乎看见了胜利的曙光。他觉得他的千金并没有打水漂，而是得到了应有的回报。

但是，千金买一个"师傅"，是不是贵了点儿？

在回邯郸的路上，吕不韦这样想。

继而，他又想到：自古君王多变，像三伏天的脸。我虽散尽千金帮他，他做人也比较厚道，但一旦做了王，真要与我共享秦国时，他舍得么？他会不会不认账？白纸写黑字还说变就变呢，何况是口头达成的协议？你看他那个爷爷，不是与赵国郑重其事地达成协议，还派了孙子做人质么？顶个屁用！还不是说翻脸就翻脸，连亲孙子都不管不顾，更何况，我是一个八竿子都打不着的什么师傅呢！他现在做出这个承诺，是因为有求于我，谁知道事成之后会怎么样。应该进一步拉拢他。

吕不韦陷入了沉思之中。

他想，有没有一种比金钱、比珠宝更为神奇的东西呢？这种神奇之物，可以让异人入迷，让异人如着了魔一般。那时候，我吕不韦说一，他异人就说一，我吕不韦说二，他异人就说二。在这种情况下，别说是要分秦国与我共享，就是我想要整个秦国，他也会在所不惜，也会糊里糊涂地拱手相让。

这时，他想到了一个关于周幽王的故事，吕不韦想来想去那使得周幽王像着了魔一般入迷的东西是什么呢？是女人。

吕不韦想通这一点，欣喜万分。但是还有一个问题就是异人是否好色。经过暗中打探，吕不韦得知异人隔个三五天就要去一次娼间之地。吕不韦便马上着手派人寻找绝色美女，但四处搜寻均无什么发现。吕不韦只得将计划暂时搁置，从长计议。

一日，吕不韦宴请异人。席间，吕不韦命人奏乐起舞，顿时，磬鼓丝竹齐奏，五音十二律和鸣，一队舞伎飘然而至，在柔软的羊毯上翩翩起舞。这一曲舞蹈，是表达年轻女子思念情人的忧烦和见到情人的欣喜，情感体现得淋漓尽致，时而像一池春水被风吹皱，泛起愁绪如涟漪，一层又一层追逐而去，缠绵悱恻；时而像一股春潮，从平阔的江面流出，流向忽然变狭了的弯道口，奔泻激荡，浪花四溅……

异人的情绪受到了感染，心头的一丝不快烟消云散，原来，因为长平战败，四十万赵军被坑杀，赵王大发雷霆，几乎下令将异人处死。幸得蔺相如与平原君劝阻，异人才幸免一死，但训斥与辱骂却是少不了的。异人来吕不韦家前刚被赵王叫去辱骂了一通，心头十分郁闷，现在才得以开解。

乐声徐徐消失，舞伎如仙女般飘去，异人竟无察觉。他仍沉浸在无穷回味之中。

忽然，热烈、豪放的乐曲爆发，赵姬浓妆艳抹，跳起了折腰舞，唤醒异人渐入另一种境界。乐声像一阵春雷滚动，赵姬的舞姿随之舒展奔放，舞步生起旋风，长袖飘扬似满天长虹明灭，裙裾飞转如鲜花遍野怒放……情到娇柔处，像开在泉边的兰花幽婉纯美；舞到狂热时，如草原烈火气吞万里……异人萌动的青春活力被点燃，开始起了骚动，这时才注意起狂舞的赵姬竟是这样的美。面容灿若桃花，娇媚妖艳，眼珠晶莹如墨玉，神采无限，身段似杨柳临风，仪态万千。舞蹈随乐曲达到高潮，当乐曲戛然而止时，赵姬骤然面对异人挺腹折腰结束，高高隆起的饱满双峰急促地沉浮不停。赵姬这一曲酣畅淋漓地刻画出少女青春骚动、火热情怀的独舞，感染得异人热血沸腾、燥热不安，时间空间都被融化了，只听见自己的心在怦怦跳响。

吕不韦见异人愁眉渐开，变得有些痴迷地看着赵姬的舞姿，不禁心中一笑。吕不韦知道自己这一步走对了，让连日被人羞辱的异人重拾心怀，必然会使异人对自己的好感更为加深。但马上他就有了一丝担忧，他发现异人射向赵姬这位自己最宠爱的姬妾的眼光中有一些暧昧，但这种忧虑很快就被酒冲淡了。

赵姬舞罢退下后，异人仍有些神不守舍，虽说异人年少风流，常去娼间之地厮混，但从未遇上过赵姬这种绝色佳人。于是，他借着酒劲说："我年方二十，血气方刚，身陷囹圄，无亲无爱。太傅三妻四妾，占尽风流，可否奉献出一个？"

吕不韦深知当时的风俗，在各诸侯国都有一代代相袭的陈年古语：宁穿朋之衣，不占朋之妻！况且又是太傅的配偶。有鉴于此，吕不韦对异人之语并未在意，以为只是酒后胡言而已，便开玩笑地说："任君挑选。"

异人张口就说："就是刚才的舞者赵姬。"

吕不韦呆住了，但稍加沉思，权衡利弊之后他就故作大方地将赵姬送给了异人为妻，并为其举行了婚礼。

异人对吕不韦感恩戴德，再次重申了登基后与吕不韦共享天下的诺言。后来，异人一登基，吕不韦便被封为秦国丞相，而且由于赵姬的关系，吕不韦不为人知地巧妙控制住了异人这位秦王。

从送物到送人，吕不韦送的礼价值越来越高，但回报更高。送马给公孙乾只是换取了一个行事的方便；送玉给触龙则换取了异人回国的机会；而送赵姬给异人，吕不韦换回了一个国家。能取得这么高的回报，原因就在于吕不韦投其所好地送礼，从而使受礼之人为吕不韦所驱使、利用。

不善等待，绝对成不了大事。这个道理被重复千万遍，但有些人总是在人生的道路上心急如焚，所以一事无成。吕不韦处心积虑地谋取秦国权位，从秦昭王四十五年在邯郸操纵公子异人开始，十余年来把一腔心血、全家财富，悉数投入到这笔投机生意之中，他那"富累千金"的家已不复存在，故乡濮阳和故国卫国也在风雨飘摇之中。生活对吕不韦说来已没有任何退路，他只有奋力前行。然而，在这场特殊的交易中，决定吕不韦能否成功的，不仅在于他自身方面的筹措，还要等到客观的时机成熟。而吕不韦全部计划的关键一着，就是异人登上秦国王位，只有候补秦王的继承者公子异人成为秦国正式国王，吕不韦的巨额投资才开始产生出效益。在此之前，他只有等待，耐心地等待。在人生的历程中，等待也是必不可少的内容，不善于等待的人是难以成功的。

难耐的寂寞等待，终于在公元前251年（秦昭王五十六年）到了尽头。异人的爷爷秦昭襄王做了五十六年的国王后终于去世了，而异人的父亲安国君正式即位为秦孝文王后不过三天也驾崩了。于是三十二岁的子楚也就是异人登基为庄襄王。

庄襄王即位后的第一道命令就是为吕不韦而发的："以吕不韦为丞相，封为文信侯，以蓝田（今陕西蓝田县西）十二个县为食邑（后又改为食河南洛阳十万户）。"当这道命令刚一传达下来时，秦国的文武大臣一定都惊呆了：当朝的百官中尚无一人有此殊荣，即使在秦国的历史上，集官、爵、食邑最高等级于一身的人，也是少有的。

而吕不韦本人心里十分清楚：这不过是他十年前在邯郸的投资所收回的效益而已。那时异人曾答应，若得以回国继承王位，定与吕不韦共同拥有秦国。当了庄襄王之后的异人，开始兑现自己的承诺了。

这样，自庄襄王即位之后，秦国的大政实际就完全控制在丞相、文信侯吕不韦手中，国王只是丞相意志的传声筒而已。吕不韦从此正式步入政坛，施展了他积累多年的才能。秦国开始了吕不韦擅权的时代。

吕不韦当政后的第一件事，就是大赦罪人，奖赏先王功臣以及对百姓施行一些小恩小惠。这虽然是历代国王上台后的一套例行程序，没有任何实际作用。但对吕不韦来说则非同一般。他并非秦国人，任丞相之前又毫无政绩，在秦国臣民中的影响有限。当政后首先发布的这些收买人心的政令，泽及"罪人"、"功臣"和"民"。其用心十分明显，无非是要用一点小小的"德政"使秦国各阶层都对新任丞相吕不韦感恩戴德。这一招非吕氏"发明"却也有相当大的作用。从他执政之后，秦国没有出现大动乱就可得到证明。

就在此后不久，吕不韦与异人逃离赵国时留在邯郸的赵姬母子在吕不韦的努力之下被赵王送回了秦国。

当年，当异人酒后向吕不韦索要赵姬之时，吕不韦虽然故作大方地答应了，但心中仍然隐然作痛，而且更不知该如何说服赵姬。当他回到内宅时，赵姬欢天喜地地告诉他自己怀孕了，吕不韦呆住了。

"要给你生个王子，让你当太上皇呢！"赵姬逗笑说。

这句本是赵姬开心说着取乐的话，无意中触动了吕不韦那根最敏感的神经。

"我怎么就不会这么想呀！"吕不韦眼前豁然开朗，一个最荒唐、最诡谲，又最简洁、最现实的念头忽然跳将出来，旋风般在脑子里飞转，连吕不韦自己也觉得有点不可思议……吕不韦沉浸在盘算之中，挂在嘴角狡黠的微笑，不停地颤动着。

赵姬审视着身旁突然不语的吕不韦这古怪的表情，莫名其妙容妻妾淫乱、君臣同淫一妇的，不一而足，却又非少见，所以有"中之乱"的说法。"中"是指女人居住的房室，深而密。所以，从性观念、婚姻观念上看，赵姬和吕不韦的思想言行十分自然，从赵姬和吕不韦追求的人生终极目标来看，更是事属必然。

吕不韦和赵姬合谋作出决定，让赵姬怀着吕不韦的孩子嫁给异人，正是这种自然和必然相结合的结果。

吕不韦和赵姬相对誓咒，此大计秘密，永远深埋两人心底，至死不泄露丝毫口风。

原先的设计，本为协助异人"窃鼎"，如今一转为由自己的后代取之，计中有计，谋中有谋，连环双套，如此空前的"窃鼎"奇计，就在两个男女相爱的炕床上出笼了。

第二天，吕不韦就为异人与赵姬举行了婚礼。不久，孩子生了下来，是一个男孩，吕不韦与异人商议后取名为政。后来，吕不韦与异人逃离邯郸时，因情况危急，无法带妇孺出城，只得将赵姬母子送回其父赵傀子家藏匿起来。后来，赵姬母子终为赵王所侦知下落并软禁起来。

在秦庄襄王登基后不久，吕不韦终于打探出赵姬母子在赵王手中，经过一番努力，赵王终于答应送赵姬母子回秦国。

赵姬母子一归秦，庄襄王就册立赵姬为王后，嬴政为太子，由吕不韦任其太傅。

站到秦国最高权力的金字塔尖上，吕不韦踌躇满志，自任丞相之后，一刻也没有停止筹划东进的军事行动，继续攻城略地。庄襄王的王位、权力都是吕不韦一手策划扶持出来的，他本身是个软弱之人，对吕不韦言听计从，完全成为了一个傀儡，吕不韦从此在秦国一手遮天。

吕不韦为了得到文武百官的支持，拜相之后第一个拜访的就是曾在立太子问题上与自己作对的前丞相范雎，对其好言抚慰之后方才离去。由此，吕不韦向世人显示了自己"宰相肚中能撑船"的宽阔胸襟，并使那些以前反对自己的官员松了口气，死心塌地地效忠于吕不韦。吕不韦深知自己以外人的身份身居高位，难免会有人背后非议。于是吕不韦广收门客，使自己贤名远播于天下，并开始组织门客编写《吕氏春秋》，淡化了人们心中吕不韦的商人形象。

庄襄王在位三年后因病去世，嬴政即位，因其年仅十三岁尚未成年，朝政由太后赵姬与丞相吕不韦共同商议决定。

嬴政继位后，吕不韦除了仍任丞相（相国）、文信侯外，又加封了一个特殊称号——"仲父"。十三岁的孩子当然不会想出这么个封号，肯定是吕不韦自己出的主意。

吕不韦为什么煞费苦心地给自己加个"仲父"的称号呢？

"仲父"这个称号既不是官、爵名，也不是亲属的称谓。对它可以作多种理解：从字面上看"仲父"就是叔父。吕不韦暗示自己是嬴政的亲生父亲，或表示自己与嬴政之父庄襄王有非同寻常人的关系，在嬴政面前自称"仲父"均无不可。但是，除此之外尚有更深的一种示意："仲父"曾是春秋时代齐国管仲的称号。公元前685年（周庄王十二年）齐桓公任用管仲为相。管仲是历史上的名臣，主持齐国改革，发展生产，富国强兵，使得齐国几年之内就由弱变强，称霸中原。齐桓公对管仲信任、尊重达到了无以复加的程度，将齐国朝政全部交给他，而自己从不加以干涉。这时的管仲就称为"仲父"。吕不韦自称为"仲父"就是以相齐的管仲自居，他不但要嬴政承认自己是他的父亲，而且向臣民暗示他将要像管仲一样处理朝政，无须取得嬴政的授权。如果说庄襄王在位时，吕不韦操纵秦国政权还需通过国王的话，那么，到秦王政登上王位时，身为"仲父"的吕不韦就可以直接发号施令来实行自己的主张了。这个时期的秦国，实际是吕不韦个人专政从后台进入前台的时期。商人吕不韦经营的事业，达到辉煌的顶点。

从秦王政即位的公元前246年到他亲政的公元前237年，整整十年间，秦国政权完全控制在吕不韦手中，其权势到了无以复加的地步。这时的吕不韦堪称是秦国的无冕之王。

【人物探究】

或许有人质疑，吕不韦为什么不彻底一点，直接当王？为什么不直接一点，让社稷彻底姓吕呢？其实，这正是他的精明之处，狡黠之处，诡谲之处。

1. 试想，如果让社稷彻底换姓，吕不韦直接当王，那么，且不说朝野上下通不过，诸侯列国通不过，就是那忠于朝廷的蒙骜、蒙武父子，战功煊赫的蒙氏家族，他吕不韦也对付不了。

2. 公开谋反政变，要混战，要争夺，要打斗，要流血，而吕不韦当时尚无兵权。所以，他来了个神不知、鬼不觉的偷梁换柱、曲线盗国。这样，江山表面上姓嬴，而实际上却姓吕，因为秦王嬴政是他吕不韦和赵姬合伙炮制出来的怪胎、变种！何况，吕不韦看重的是实际，而不是形式，注重的是内容，而不是表面。

3. 秦王政年少，国事皆由吕不韦决断。凡事吕不韦或先斩后奏，或斩而不奏，所以，实际上，秦王政与庄襄王一样只是个木偶、傀儡。

吕不韦为了爬到权力的顶峰可以说是不择手段，无所不用其极。他扶立了异人登基为庄襄王，使自己权倾朝野。普通人达到这一步，应该已经完全满足了，但是吕不韦没有。因为当年他在铺就异人为王这条路之时早就已经铺下了一条后路，使自己将来长期掌权能有一个强大的基础。他移花接木，使自己的儿子登上了秦王的宝座，这时他才真正做到了权倾天下，这一点应该是他当年立下曲线入仕之志时所始料不及的。将自己的爱妾及其腹中之子拱手送与他人，吕不韦心不可谓不黑，脸皮不可谓不厚。但从另一个方面说，这正是其成功的真正原因。

一个不善于审时度势的人，一定是缺乏机灵的头脑、敏锐的眼光。这一点是许多人一事无成之本。对于吕不韦来说，却不是这样，他一边想自己如何做成事，一边想自己如何做大事。他思前想后，终于悟出了一条"审时度势"的人生策略，并且一步一步地隐身而行。

【谈古论今】

对于驾驭者来说，如何控制烈马的速度，则是非常有学问的。如果是平坦大道，也能收一收缰绳，等到下一个平坦大道时再加劲，一下超过他人，此为胜术。再者及时收住缰绳的好处是——避免冒险。吕不韦的精明之处正在于收住缰绳之功，不过分把自己放开，让自己在划定的一个圈子里，求稳求进，即为一种隐身术。你别小看这种"收线法"，它在关键时刻是相当起作用的，否则越过了红线，就会出麻烦。

项羽——有勇无谋，兵败垓下

力拔山兮气盖世，时不利兮骓不逝，骓不逝兮奈若何，虞姬虞姬可奈何！——伴随着一声悲彻天地的呐喊，英雄一世的楚霸王项羽为自己的人生画上了一个不完美的句号。

他豪气盖世，屡战屡胜，却在这一败之下，魂断乌江。

他勇冠三军，无人可挡，最终却败在了自己手中。

他生前死后，褒贬不一，然而，纵有易安居士"至今思项羽，不肯过江东"的赞叹，又岂能掩盖他的败笔，弥补他难以瞑目的遗憾！

他身死之时，仍怨天尤人地呼喊着："天亡我也！"可见，他依然未能认识到自己的错误。

那么，他的凋落就是必然的！

【史事风云】

秦朝末年，群雄逐鹿。先入函谷关，想据守关中称王，项羽破关而入，引兵西进咸阳以后，杀秦降王子婴，火烧秦王宫。当时韩生劝谏项羽："关中阻山河四塞，地肥饶，可都以霸。"而项羽却说："富贵不归故乡，如衣绣夜行，谁知之者！"遂烹杀谏者，放弃了建都关中形胜之地的良好决策。这已然为日后之败埋下了伏笔。

随后，项羽与刘邦在鸿门（今陕西省临潼县东）相会，揭开了历史上著名的"鸿门宴"的序幕。在刀光剑影、杀气腾腾的"鸿门宴"上，胸怀韬略的范增定下暗杀之计，要把项羽的敌手刘邦做掉，以绝后患。在举杯祝酒声中，范增多次向项羽递眼色，并接连三次举起他佩带的玉佩，暗示项羽，要项羽下决心趁此机会杀掉刘邦。可是项羽讲义气，不忍心下毒手。此刻范增非常着急，连忙抽身离席把项羽的堂弟项庄找来，面授机宜，要他到宴会上去敬酒，以舞剑助乐为名，趁机刺杀刘邦。由于项羽的叔父项伯和刘邦部下的猛将樊哙的阻拦、救护，刘邦才得以脱身逃走，保全性命。"鸿门宴"暗杀之计未能成功，范增勃然大怒，拨出所佩宝剑，劈碎刘邦赠给他的一双玉斗（玉制的酒器），明斥项庄、暗骂项羽："不足与谋，夺项王天下者，必沛公也。"

公元前204年初，楚军数次切断汉军粮道，刘邦被困荥阳，于是向项羽请和。项羽欲同意，范增说："汉易与耳，今释弗取，后必悔之。"于是项羽与范增急攻荥阳。刘邦手下谋士陈平施离间计，令项羽以为范增勾结汉军，从而削其兵权，范增大怒而告老回乡，项羽同意了。范增："天下事大定矣，君王自为之，愿赐骸骨归卒伍"。未至彭城（今江苏徐州市），就因背疽发作而死在路上。

范增死后两年，项羽的军队被刘邦、韩信、彭信的联军击败。项羽兵败垓下，领800余骑趁夜突围南逃，至乌江边仅剩28骑。乌江亭长劝项羽，可过江东，再图大业。项羽却执意不肯，说道："且不说我当初带着8000子弟兵起事渡江，今日无一生还。即便江东父老怜悯我，愿意拥我为王，我又有何面目见他们？纵然他们不说，难道我自己心里就不愧疚吗？"遂拔剑自刎。

【人物探究】

项羽与项梁一起拥兵反秦，睥睨天下诸侯，三年灭秦，称霸五年，然而由于其刚愎自用、我行我素，有勇无谋，只想以武力平天下，最终兵败垓下。他作为灭秦主力军的领袖，如此下场，未免让人感到惋惜。

项羽的无谋之举，主要体现在以下几个方面：

1. 政治方面。项羽的政治能力着实令人不敢抬举，他在政治上的失误有很多。

其一，分封诸侯。巨鹿之战后，项羽在各路诸侯中拥有绝对势力和声望，此时，他若将各路诸侯召集起来，统一编制，去其乌合之众，选其精锐，组建一支中央政府军，统领四方；给予各路义军将领高官厚禄，免其兵权，挑选文官、人才治理国家，休养生息、发展生产，那么或许就不会有后来的大汉王朝了。悲剧的是，项羽竟然走回了秦朝的老路，使天下重归诸侯割据的老局面，这无疑为日后的战乱埋下了导火索，也是天下百姓所不愿看到的。

其二，放走刘邦。当时，刘邦可以说是项羽最大的威胁与对手。倘若他能借"鸿门宴"之机除掉刘邦，再将各路诸侯逐一收编、消灭，那么即便麻烦一点，即便战火重燃，项羽还是有很大胜算的。

其三，截杀义帝。项羽杀楚怀王之举，令大多数义军不齿，而刘邦却假仁假义地为楚怀王发丧，因而得到了大多数诸侯的支持。于是，数十万大军趁项羽征战之时，一举夺下他的"根据地"彭城，虽然项羽回兵击得各路诸侯溃不成军，但不能不说，这一回合刘邦在政治方面获得了很大成功。

其四，屠杀战俘。项羽嗜杀，将二十万秦军战俘皆尽屠戮，这二十万人有父母、有妻儿、有亲戚、有朋友，他们将是何种心情？能不对项羽恨之入骨？倘若项羽能将其收编或是释放，宣传仁政，发展生产，瞬息之间便可有数百万人的支持，那又是怎样一种局面？

2. 军事方面。项羽之勇，天下难以匹敌，脚跨乌骓、手持长戟，身先士卒，所到之处无人可挡——灭秦军九战九捷；率三万之众击溃刘邦联军数十万，杀死杀伤十余万人，一举夺回彭城，尸垒如山，河水为之不流；荥阳成皋大兵围城，险灭刘邦。然而，垓下一战，虽主力尽失，却尚有一线生机，若能听乌江亭长之言，渡江而去，徐图再起，或可再逐鹿中原。可项羽却意气用事，自刎于乌江边，无怪后人曰："百战百胜，一败失天下，只知勇猛作战，而不善用计，其手下将领，大多如出一辙，猛有余，智不足，岂能不败！"

3. 用人方面。范增是项羽帐下第一谋士，智不输张良。献计"鸿门宴"，项羽错失良机，后屡次进言，项羽不纳，刚愎自用。陈平离之，项羽轻信，致范增负气而去，病死途中。西楚政权至此失去了智慧源泉，步步消沉。

韩信、陈平本为项羽帐下，屡屡献计，项羽不纳，亦不重用，后投刘邦，刘邦重用之，于是人才尽奔刘邦。

由此可以看出，项羽之败与天时地利无关，完全是他咎由自取，他重武轻文，有智者而不能用，一心只想以武力统领天下，那么等待他的只能是失败。

【谈古论今】

所谓"听人劝吃饱饭"，世人当以项羽为戒，切勿刚愎自用，应多纳人言。在形势不利的情况下，不妨忍一时之羞辱，以碌碌无为之假象，以屈求伸，在军事斗争中，能起到一种迷惑敌人、缓兵待机、后发制人的作用。做将帅的，在战机未成熟时，应沉着冷静、不露锋芒，绝不可轻举妄动。

关羽——傲气过盛，败走麦城

在三国诸英豪中，论文当推诸葛亮，论武则非关羽莫属。关云长勇冠三军，义气盖世。自桃园结义后，温酒斩华雄、战吕布、诛颜良杀文丑、千里走单骑护嫂寻兄、过五关斩六将、水淹七军、单刀赴会，神医华佗在为其刮骨疗毒时亦忍不住赞叹道："君侯真乃神人也！"

然而，即便是这样一个生前死后均被视为神人，这样一个智勇双全、忠义刚直、名满天下的盖世英豪，却也有着他的致命的弱点——目中无人，刚愎自用，傲慢轻敌，而正是这平时不经意间养成的缺陷，最终使他命丧东吴陆逊之手，使其义兄刘备千辛万苦开创的基业遭到了致命一击。

【史事风云】

当时东吴孙权为夺回荆州，思之久矣。而镇守荆州的正是关羽，东吴镇守陆口的守将吕蒙正劝孙权夺回荆州，并主动请命。但当吕蒙正回到驻地陆口时，因得知沿江上下均备有烽火台，荆州军马也都有所准备了，他一时无计可施，只好托病不出，并使人回报孙权。

孙权派谋士陆逊前往陆口，陆逊见到吕蒙正后就为他出谋划策，他说："关羽向来以英雄自诩，认为天下无敌，现在在这里他只顾虑你一个人而已。你不如乘此机会，装病辞职，把镇守陆口的责任交给别人。让接任的人假装卑躬屈膝，不断赞美关羽，让他骄傲起来，这样他一定以为此处没什么可担忧的，便会撤兵去樊城。等到荆州守军都撤走了，只要派一旅之师奇袭，就一定可以把荆州夺回来了。"

吕蒙正听后大喜，依计而行，权衡之下便把这个任务交给了陆逊。

陆逊接任后，立刻命人备了厚礼去见关羽，并且捎去一封写得极其谦卑的信，他在信中写道："前不久您巧袭魏军，只用了极小的代价，便获得了很大的胜利，立下了赫赫战功，这是多么了不起的事！敌军大败，对我们盟国也是十分有利的。我刚来这里任职，没有经验，学识也浅薄，一直很敬仰您，故恳请指教。"又吹捧关羽说："以前晋文公在城濮之战中所立的战功、韩信在灭赵中所用的计策，也无法与将军您相比。"

这些吹捧使关羽信以为真、大意自满，对吴国放心了，认为荆州没什么危险了，于是撤走了大半的守军去樊城听调。而陆逊暗中加紧准备，条件具备后，大军到达，便立刻攻下了蜀中要地南郡，擒杀了关羽。

【人物探究】

关羽英雄一世，最终却败在了自己的傲慢之上，着实令人叹息。

其实，关羽的骄傲已非一朝一夕。当年他温酒斩华雄、虎牢战吕布、诛河北名将颜良文丑、过五关斩六将、水淹七军之后，已然目中无人起来。

1. 问马超。马超来投，关羽得知马超勇武，便欲前来比试，亏得诸葛亮刻意奉承："孟起兼资文武，雄烈过人，一世之杰，黥、彭之徒，当与翼德并驱争先，犹未及美髯公之绝伦逸群也。"于是，关羽大为高兴——"省书大悦，以示宾客"。此时，关羽的自负已洋溢于表。

2. 傲黄忠。刘备自领汉中王之后，册封五虎上将，关羽对与黄忠同列大为不悦，说道："黄忠何等人，敢与吾同列？大丈夫终不与老卒为伍！"遂不肯受印。在他眼中，勇猛如廉颇的黄忠竟然只是一名老卒，其傲慢之情不言而喻。

3. 拒孙权。孙权想让自己的儿子迎娶关羽的女儿为妻，关羽大喝一声:"吾虎女安肯嫁犬子乎!"堂堂江东英雄之首,竟被其视为"犬",关羽未免太过目中无人。此言激怒了孙权,算是彻底为自己埋下了祸根。

于是,关羽志得意满之下,被"乳臭未干的穷酸书生"陆逊用计破城,最后失手被擒,命绝于江东。

所谓"人不可有傲气,但不可无傲骨"。人有傲骨便是铮铮铁汉,可是人有骄横之气却是愚蠢之人。

【谈古论今】

《王阳明全集》中说道:"今人病痛,大抵只是傲。千罪百恶,皆从傲上来。傲则自高自是,不肯屈下人。故为子而傲必不能孝,为弟而傲必不能悌,为臣而傲必不能忠。"骄傲的确是做人处世的大忌,为人若不能忍住骄傲,则终有一天会为自己招来祸端。

杨修——恃才放旷,身首异处

俗话说:"君子之才,玉韫珠藏。"有才固然是好事,但不要因为自己有才就到处招摇。求人知本不为过,但若过分执著于此则不可取。其实,让别人太过了解自己,未必就是一件好事,如此一来,你的性格、你的弱点都会暴露在别人面前,倘若有人心存不良,"对症下药",你岂不是毫无还手之力?

只可惜,生活中有很多人,总是担心自己的才华不为人知,悄无声息地被埋没了,甚至怨恨没有慧眼识己的伯乐。其实,这些担心不仅多余,而且从根本上证明这种人实际上并不怎么样。真正要紧的问题,并不在于人知，而在于知人。如果我们不在知人上下工夫，而一味地追求人知，则会贤愚不辨，是非混淆；交友不能亲贤远佞，用人则不能趋良避奸。而这往往会在关键时刻对一个人的生活和事业产生重大深远的影响，尤其是当不了解自己上司的喜恶、所欲，而仍一味按自己的那一套去做事的时候，更是无异于冒险。三国时杨修的命运就说明了这一点。

杨修，少有才名，他"才思敏捷，聪颖过人，才华、学识莫不出众"，曹操爱其有才，留于身边做行军主簿。但杨修这人极爱显摆，唯恐别人不知道自己的能耐，总是想法设法显露一下自己的才华，最后成了曹操的刀下鬼。

【史事风云】

一次，工匠建造相府里的一座花园，才造好大门的构架，曹操便前来察看，他一句话不说，只提笔在门上写了一个"活"字就走了，手下人都不解其意，杨修说："'门'内添'活'字，乃'阔'字也。丞相嫌园门阔耳。"于是再筑围墙，改造完毕又请曹操前往观看。曹操大喜，问是谁解此意，左右回答是杨修，曹操嘴上虽赞美几句，心里却很不舒服。

又有一次，塞北送来一盒酥，曹操在盒子上写了"一合酥"三字。正巧杨修进来，看了盒子上的字，竟不待曹操说话自取来汤匙与众人分而食之。曹操问是何故，杨修说："盒上明书一人一口酥，岂敢违丞相之命乎？"曹操听了，虽然面带笑容，可心里十分厌恶。

杨修这个人，最大的毛病就是不看场合，不分析别人的好恶，只管卖弄自己的小聪明。当然，如果事情仅仅到此为止的话，也还不会有太大的问题，谁想杨修后来竟然渐渐地搅和到曹操的家事里去，这就犯了曹操的大忌。

在封建时代，统治者为自己选择接班人是一件极为严肃的事情，每一个有希望接班的人，不管是兄弟还是叔侄，可以说是个个都红了眼，所以这种斗争往往是最凶残、最激烈的。但是，杨修却偏偏在如此重大的问题上不识时务，又犯了卖弄自己小聪明的老毛病。

曹操的长子曹丕、三子曹植，都是曹操准备选择做继承人的对象。曹植能诗赋，善应对，很得曹操欢心，曹操想立他为太子。曹丕知道后，就秘密地请歌长（官名）吴质到府中来商议对策，但害怕曹操知道，就把吴质藏在大竹片箱内抬进府来，对外只说抬的是绸缎布匹。这事被杨修察觉，他不加思考，就直接去向曹操报告，于是曹操派人到曹丕府前进行盘查。曹丕闻知后十分惊慌，赶紧派人报告吴质，并请他快想办法。吴质听后很冷静，让来人转告曹丕说："没关系，明天你只要用大竹片箱装上绸缎布匹抬进府里去就行了。"结果可想而知，曹操因此怀疑杨修想帮助曹植来陷害曹丕，十分气愤，就更加讨厌杨修了。

还有，曹操经常要试探曹丕和曹植的才干，每每拿军国大事来征询两人的意见，杨修就替曹植写了十多条答案，曹操一有问题，曹植就根据条文来回答，因为杨修是相府主簿，深知军国内情，曹植按他写的回答当然事事中的，曹操心中难免又产生怀疑。后来，曹丕买通曹植的亲信随从，把杨修写的答案呈送给曹操，曹操当时气得两眼冒火，愤愤地说："匹夫安敢欺我耶！"

又有一次，曹操让曹丕、曹植出邺城的城门，却又暗地里告诉门官不要放他们出去。曹丕第一个碰了钉子，只好乖乖回去，曹植闻知后，又向他的智囊杨修问计，杨修很干脆地告诉他："你是奉魏王之命出城的，谁敢拦阻，杀掉就行了。"曹植领计而去，果然杀了门官，走出城去，曹操知道以后，先是惊奇，后来得知事情真相，愈加气恼。

曹操性格多疑，深怕有人暗中谋害自己，谎称自己在梦中好杀人，告诫侍从在他睡着时切勿靠近他，并因此而故意杀死了一个替他拾被子的侍从。可是当埋葬这个侍者时，杨修喟然叹道："丞相非在梦中，君乃在梦中耳！"曹操听了之后，心里愈加厌恶杨修，于是开始找岔子要除掉这个不知趣的家伙了。

不久，机会终于来了！建安二十四年（公元219年），刘备进军定军山，老将黄忠斩杀了曹操的亲信大将夏侯渊，曹操自率大军迎战刘备于汉中。谁知战事进展很不顺利，双方在汉水一带形成对峙状态，使曹操进退两难，要前进害怕刘备，要撤退又怕遭人耻笑。一天晚上，心情烦闷的曹操正在大帐内想心事，此时恰逢厨子端来一碗鸡汤，曹操见碗中有根鸡肋，心中感慨万千。这时夏侯惇入帐内禀请夜间号令，曹操随口说道："鸡肋！鸡肋！"于是人们便把这句话当作号令传了出去。行军主簿杨修即叫随军收拾行装，准备归程。夏侯惇见了便惊恐万分，把杨修叫到帐内询问详情。杨修解释道："鸡肋鸡肋，弃之可惜，食之无味。今进不能胜，退恐人笑，在此何益？来日魏王必班师矣。"夏侯惇听了非常佩服他说的话，营中各位将士便都打点起行装。曹操得知这种情况，差点气坏心肝肺，大怒道："匹夫怎敢造谣乱我军心！"于是，喝令刀斧手，将杨修推出斩首，并把首级挂在辕门之外，以为不听军令者戒。

【人物探究】

杨修怎么看都是个聪明人，但事实上，往往就是一些聪明人爱办糊涂事。

1. 爱出风头。谷物成熟以后总是垂头而立；相反，狗尾草与谷相似，但因为它总是直昂着头，往往成为人们第一个拔除的对象。杨修饱读诗书，却不明此理，屡次在曹操面前显摆自己的小聪明。曹操的"鸡肋"、"一合酥"及门中的"活"字等都是一种普通的智力测验，是一种文字游戏。他的出发点并不是真为了给大家出题测试，而是为了卖弄自己的超人才智，因此，他主观上并不希望有谁能够点破，只想等人来请教。在这种情况下，哪怕你猜着了，也只能含而不露，甚至还要以某种意义上的"愚笨"去衬托上司的"才智"。但是，杨修不知其意，毫不隐讳地屡屡点破了曹操的迷局，以显示自己的智慧不在曹操之下，曹操虽然有爱才之名，但对于这样一个只能耍小聪明，又每每抢自己风头的"酸秀才"，怎能不深恶之？

2. 掺合别人家事。古往今来，历代王者诸侯，无不反感大臣与子嗣交厚，各成势力，争夺储位，进而引发内乱。再者说，即便是普通人家，谁又希望一个外人参与自己的家事呢？可叹杨修偏偏不知深浅。曹操何许人也？——乱世之奸雄，他岂能容别人在自己眼里揉沙子？或许，曹操此时已有心杀杨修了，只是碍于没有找到好的借口。

3. 口无遮拦。杨修此时若能懂得一点进退，不再处处显摆，三缄其口，或许他还不至于那么短命。可偏偏他自己非往枪口上撞。曹操作战失利，左右为难，正自懊恼，你杨修即便看透形势，也不该把事情说破，更不该为显摆自己的小聪明在军中大肆宣扬。如此一来，置曹操的颜面于何地？这一次，曹操终于找到了正当理由——扰乱军心，杨修想不死都难了！

世人多骂曹操嫉才，说杨修死得冤枉。其实，杨修的死与其为人处世不无关系，本是一个聪明人，为什么连这么简单的人情世故都看不透呢？说到底还是虚荣心在作祟。

【谈古论今】

在一定程度上，了解别人比让别人了解自己更重要，往小了说，关乎个人的安危荣辱，往大处说，关乎国家的乱治兴亡。这是一种智者的见识，也是一种智者的活法。做人，还是低调一点好，切不要锋芒毕露。要知道，锋芒在彰显你个人才华的同时，很容易刺伤身边的人，燃起他们的嫉妒心理，这岂不是自找苦吃？会为人者，应懂得锋芒内敛，韬光养晦，以免成为别人的眼中刺、肉中钉。

李白——开罪小人，葬送前程

俗话说："宁可得罪君子，也不要去得罪小人。"古人对于小人则更是深恶痛绝——"宁可终岁不读书，不可一日近小人！"那么，这是为什么呢？因为君子在被开罪以后，或许会一笑了之，或许也会伤心，但绝不会耿耿于怀，以各种手段加害于你；小人则不然，如果你开罪了小人，即便只是无心之失，他也会须臾不忘，纵使你曾经有恩于他，也会被其忘得一干二净，想方设法地找机会报复你。

唐代大诗人李白有谪仙之称，出口成文，斗酒更是诗百篇，是当之无愧的一代奇才。然而，在崇尚诗文的盛唐，他的仕途却并不如意。究其根由，可以说，与他的性格存在着莫大的关系。

李白的诗瑰丽雄伟、豪迈奔放，而他的个性亦是如此，桀骜不驯、放荡不羁。这或许是才子文人通病，但桀骜如他者却屈指可数。这种性格或许能够激发他的创作灵感，但对于他的仕途则绝没好处。

【史事风云】

李白到长安考进士的时候，认识了诗人贺知章，并结成亲密好友，李白就住在贺知章家里。当时贺知章正任翰林学士，他对李白说："这次考试的主考官是杨贵妃的哥哥，太师杨国忠，监试官是太尉高力士。他们都是贪财的人，而且在长安考生行贿主考官、监试官都是平常的事，你没有金银买通他，就是有冲天的学问，他们也不会录取你的。好在我与他们都还熟识，等我写一封信送去，也许他们看在我的面子上，会关照一二。"杨国忠和高力士收到信后，商量说："贺知章一定是受了李白的金银，却只是写了封信来我们这里白讨人情，真是不懂规矩。到考试那天见到李白的卷子，当时就批落。"

考试那天，李白才思敏捷，第一个交了卷。见是李白的卷子，杨国忠当场大笔一挥，将卷子涂抹了，说："这样的文章也敢来考试？只配给我磨墨。"高力士接着骂道："磨墨也不配，只好与我脱靴。"

李白受了侮辱，气极而回，对贺知章说一定要找机会把这个侮辱还回去。

后来，有一天，渤海国使臣带着国书来到唐朝，玄宗便命贺知章陪同接待。当使臣递上国书时，玄宗让贺知章开读，谁知道那国书上的文字贺知章一个也不认识，不由惊出一身冷汗，向玄宗奏明了情况。玄宗又让杨国忠来读，可是杨国忠也不认识，又叫满朝文武都来辨认，结果没有一个人认得。玄宗大怒，喝斥道："堂堂天朝，济济文武，居然没有一个人能替朕分忧！这国书都不认得，如何回答？回答不出，必会遭渤海国耻笑，他们会以为我大唐没有能人，必定兴兵来犯。九日之内，你们若找不到人来识得渤海国国书，一律问罪！"

贺知章回到家里闷闷不乐，李白问是何事，他便将此事说了。李白微微一笑，说："那渤海国文我倒识得，也没什么难懂的。"贺知章听了又惊又喜，第二天便向玄宗奏道："臣结识一位秀才，叫李白，他才气过人，博学多能，要辨识渤海国书，非他不可。"玄宗当即派人带着诏书去找李白，李白对使者说："我是个普通百姓，无才无识。朝廷中有许多文武官员，辨认渤海国书，当然是这些大臣的职责。何必找我这个山野之人呢？我不敢奉诏，怕得罪了朝中权贵。"使者回报玄宗，玄宗便赐李白进士及第，穿紫袍金带。

到了朝上，李白说："臣才疏学浅，卷子被杨太师批落，高太尉又将臣推出门去，臣是一个不入选的秀才，不能称试官的意，又怎能称皇上的意？渤海国书，何不让太师、太尉宣读？"玄宗说："我自了解先生，先生不必推辞了。"便命人把渤海国书拿给李白看，李白当即翻译出来。

原来渤海国想让唐朝割让三十六城，若不然便要起兵相犯。玄宗和大臣们听了都吃了一惊，李白说："陛下无须忧虑，明日可宣渤海国使臣入朝，臣当面写封回书，也一样用渤海文字。信中恩威并重，让他们不敢兴兵进犯就是了。"玄宗当日便加封李白为翰林学士，又设酒宴，结果李白大醉，玄宗便让人把他扶到侧殿床上安寝。

第二天上朝的时候，玄宗见李白还有些醉眼蒙眬，便叫御厨做了醒酒汤来。汤端上来的时候热气腾腾，玄宗怕太烫，就亲手拿起一双象牙筷，在碗中调了一会儿，然后赐给李白醒酒。满朝文武见李白居然受此优宠，很是吃惊，有的心胸狭窄的便不由得暗暗嫉妒。

使者来后，李白用渤海国语高声朗读国书，使者听他读得音调铿锵，一字不差，便先吃了一惊。接着玄宗命人在自己的御座旁设一张七宝床，又叫内侍取来白玉砚、兔毫笔、龙香墨、五色金花笺，让李白坐在旁边的锦墩上草写诏书。

李白说："臣的靴子不干净，恐踩脏了席子，望皇上开恩，允许臣脱掉靴子。"玄宗准奏，让一个内侍去给他脱靴。李白说："皇上恕罪，臣见杨太师和高太尉站在前边，神气不旺，请陛下命杨太师给臣磨墨捧砚，高太尉给臣脱靴系袜，臣这才能精神旺盛，提笔写诏书。"玄宗正在用人之际，便下旨准奏。杨国忠和高力士只得上前给李白磨墨脱靴，心中把李白恨得咬牙切齿。

李白心中快意非常，挥笔疾书，很快就把诏书写完了，用的果然是渤海国文字。诏书中先讲了大唐兵威将勇，国力强盛，接着讲了四邻各国如何送礼纳贡，臣服大唐，最后告诫渤海国王事要三思，不要冒险，自取灭亡。

使者私下里问贺知章："读写诏书的人是谁？竟然能让太师磨墨，太尉脱靴？"贺知章说："他是李白李学士，乃是天上谪仙，偶来人世走上一遭，太师、太尉只是人间高官，又怎么能比得上他呢？"使者回国后把所见所闻，及大唐有神仙相助的事说了一遍，国王又见诏书里写得唐朝国力强盛，也就不敢发兵侵扰，从此臣服。

李白立了大功，玄宗又是个爱才之人，便把他留在宫里，常常诗酒相伴。

杨贵妃有羞花闭月之貌、沉鱼落雁之容，深得皇帝的宠爱。在一次宫廷酒宴中，李白曾于酒酣耳热之际，作《清平调》三首，歌颂杨玉环的美貌。诗歌是李白的强项，按说这对他是个难得的机会，可问题就出在李白眼里只有唐玄宗、杨贵妃这些大人物。他在作这三首诗时要杨国忠亲自为他磨墨，还命皇帝宠信的太监高力士为他脱靴。太监的地位是卑贱的，但得宠的太监就不同了。高力士因此深以为耻，对李白怀恨在心。

李白的三首《清平调》写得很美：云想衣裳花想容，春风拂槛露花浓。若非群玉山头见，会向瑶台月下逢。一枝红艳露凝香，云雨巫山枉断肠。借问汉宫谁得似，可怜飞燕倚新妆。名花倾国两相欢，常得君王带笑看。解释春风无限恨，沉香亭北倚阑干。

李白在诗中把杨玉环描写得花容月貌，像仙女一样。杨玉环十分喜欢，常常独自吟诵。李白在诗中提到了赵飞燕。这在李白，绝不存在丝毫讽刺的意思，他只是就赵飞燕的美丽与得宠同杨玉环相比较。然而比喻之物与被比喻之物不可能是全部特征的相合。这使怀恨在心的高力士看到了报复的契机。

一天，高力士又听到杨玉环在吟诵《清平调》，便以开玩笑的口吻问道："我本来以为您会因为这几首诗把李白恨入骨髓，没想到您竟喜欢到如此地步。"杨贵妃听后吃了一惊，不解地问道："难道李翰林侮辱了我吗？"高力士说："难道您没注意？他把您比作赵飞燕。赵飞燕是什么样的女人，怎么能同娘娘您相提并论。他这是把您看得同赵飞燕一样淫贱啊！"

在当时，杨玉环已是"后宫佳丽三千人，三千宠爱在一身"，她的哥哥、姐妹也都位居显要，声势显赫。她唯一担心的便是自己的地位是否稳固。她绝不希望被人看作像赵飞燕那样淫贱，更害怕落到她那样的下场。高力士摸透了杨玉环的心思，因此也就在她最软弱处下了刀子。他轻而易举地便把李白的诗同赵飞燕的下场嫁接起来，一下子使赞美的诗篇成了讥嘲的证据，激起了杨玉环的反感与憎恨。后来，唐玄宗曾三次想提拔李白，但都被杨玉环阻止了。高力士靠此手段，达到了报复脱靴之辱的目的。一次小报告，葬送了诗人的前程。

【人物探究】

李白纵然才高八斗，文采斐然，又满怀报国热忱，且受到唐玄宗的欣赏，但始终未能在仕途上大展身手，其原因就在于他得罪了皇帝身边的关键人物。倘若李白对杨高二人的小肚鸡肠能释然一些，不把这点屈辱放在心上，即便不屑交往却也不得罪他们，或许他也不会输得这样惨。但李白终究太过傲气，志得意满之时想的就是如何报这一箭之仇。更借醉酒之机在大庭广众之下侮辱了二人，没给对方留下一丝面子，这样做虽可泄一时之愤，但后果却非常严重。

看过李白的遭遇，我们在为其遗憾的同时，是不是也该提醒一下自己——没有必要，千万不要去招惹鼠肚鸡肠的小人。

【谈古论今】

在生活中，我们可以保持些许清高，做个君子，但绝不要对自己看不上眼的人出言侮辱，尤其是那些品行不高的人，这无异于是没事找事，惹火烧身。因为小人一旦遇到机会便会脱颖而出甚至青云直上，这时候他的报复心一旦发作起来，你就只有吃不了兜着走的份儿了。

李自成——志得意满，自毁江山

明末起义军领袖李自成能从一个农民做到闯王，进而推翻朱氏政权，逼得崇祯皇帝煤山自缢，建立显赫一时的大顺政权，若说他有勇无谋，未免有失偏颇。他在征战中不止一次兵将尽失，却每每都能翻过身来，他的能力可见一斑。

然而，当胜利就在眼前之时，他却败了，败得狼狈不堪，败得不免让人扼腕。可是，这又能怪谁呢？只能说，在不断的胜利面前，李自成没有把握住自己。成为大顺皇帝的他看上去就像一个暴发户，他没有了往日的谦逊、没有了往日的进取心，他被胜利蒙蔽了双眼，开始目空一切，自以为天下已尽在手中，没有人再能威胁到自己。于是他懈怠了、他大意了、他放纵了自己，于是他只能眼睁睁地看着满清铁骑踏破自己的防线，只能眼睁睁看着别人夺走本应属于自己的东西。

【史事风云】

李自成攻陷北京后，被胜利冲昏了头脑，他开始变得狂妄而骄傲，刚愎自用。吴三桂引清军入关与李自成处置失当有很大关系，李自成似乎根本就没把吴三桂放在眼里，也根本就没站在吴三桂的角度去思考过他的处境。

吴三桂奉命率军据守山海关，保卫明朝首都北京。山海关被称为"明之咽喉"，一面是波涛汹涌的大海，一面是险峻的燕山，山海关镶在其中，无疑是战略要塞。当时，北边的清军尚未进入关中，李自成率领的农民起义军却攻陷了北京，崇祯皇帝在煤山自缢，明朝走到了尽头。此时镇守山海关的吴三桂会怎样想呢？北边是虎视眈眈的清军，南边京城已经陷落，皇帝已经驾崩，他究竟是在替谁镇守山海关呢？吴三桂不是史可法，更不是屈原，他要设身处地地替自己考虑，于是，他决定投降李自成。

一个投降的人最关心的就是自己投降以后的命运，吴三桂自然也十分关心这一点。他对李自成并不了解，还需要通过一些事实来判断自己投降过去之后的处境。所以，他一方面带领自己的部队去北京向李自成投降，一方面又不断地派人四处打探消息。这时，消息传来了，父亲吴襄被抓，家产被抄，最宠爱的歌姬陈圆圆也被刘宗敏霸占。从这些消息里，吴三桂已清楚地判断出了自己投降李自成以后的命运，于是他立刻放弃了投降的打算，回守山海关。

李自成攻陷北京后，他和部下们都处在狂妄而骄傲的心态之中。这一心态使他们变得目空一切，妄自尊大，对客观局势丧失了判断力，他一方面抄了吴三桂的家产、抓了他的父亲、抢了他的爱妾，一方面还要让吴三桂投降，这可能吗？倘若李自成能够静下心来，从吴三桂的角度去思考一下，他就会发现，自己的行为根本不可能让吴三桂归顺。

吴三桂不投降，李自成就率领大军进攻山海关，逼迫其投降，否则就要彻底消灭他。他似乎忘记了山海关长城外面的敌人，他也似乎把吴三桂当成了崇祯皇帝，无路可走之时会自缢而死。

总之，李自成心高气傲、唯我独尊的心态，导致他对吴三桂的感受和行为一无所知，只按照自己的意愿一个劲儿地猛攻山海关。

吴三桂本来就不是一个胸怀民族大义的人，在自己被逼走投无路之时，他自然会投降清军，更何况多尔衮比李自成做得高明，他与吴三桂杀白马盟誓，相约永不相负，并许以封王封地。就这样，当八旗劲旅突然出现在李自成的农民起义军面前时，他们竟毫无准备，大惊失色，因为他们从来就没想到吴三桂会引清军入关。

李自成在西山上发现清兵已经进关，他想稳住阵脚，指挥抵抗，可已经来不及了，只好传令后撤。多尔衮和吴三桂的队伍里外夹击，起义军遭到惨重失败。血腥的改朝换代就从山海关这里开始了。

【人物探究】

毫无疑问，李自成是个英雄，但他在志得意满之时的所作所为，则更像一个草莽。

1. 急于称王。朱元璋得天下的主要策略就是——高筑墙、广积粮、缓称王。李自成则与其背道而驰，高迎祥死后，李自成自任闯王，锋芒毕露。在封建王朝，饥民闹事，占山为盗者颇多，政府习以为常，不会引起太大震动。而一旦扯起"王"字旗，则意味着彻底"反"了，这"反"字对于势力尚不绝对强大的李自成而言，至少有以下三重负面影响：

其一，引来官兵的强力镇压；

其二，引起各路义军的敌视，不利于团结；

其三，民心流失。在封建社会的正统观念中，扯反旗的人多被视为大逆不道，没有一个合理的理由，是很难令人接受的。倘若他此时能打出"除阉孽，清君侧（高起潜、曹化淳）"的旗号，给民众造成一种"爱国拥军"的假象，那么效果就大不一样了。

2. 责打前臣。但凡新政权建立以后，都会对前朝遗老旧臣抚恤有加，以使政治局面迅速稳定下来，李自成又是"与众不同"。他进京以后，明朝遗臣成国公朱纯臣、大学士魏藻德等人率百官入贺，将李自成比作尧舜，大唱赞歌。李自成却没有给予善待，借机笼络人心，反而将其拘役拷打，查抄家产，这岂是明君所为？新权建立，前朝旧臣人心惶惶，都在对新主的态度拭目以待，他不加以抚恤，反而用刑罚，简直匪气十足，毫无帝王气度。如此一来，那些前明军政大将谁敢来投？

3. 纵容下属。李自成入北京以后，没有勒令三军秋毫不犯，反而纵容部将夺他人妻妾财产，这一夺一占算是彻底将吴三桂推到了清军的阵营之中。敢问，有哪一只军纪不严的队伍，能长久保持强悍的战斗力呢？

4. 傲吴三桂。李自成入京以后，能够给予他最大威胁的就是山海关总兵吴三桂以及虎视眈眈的八旗铁骑。倘若他此时没有被暂时的胜利冲昏头脑，理应派大将刘宗敏驻山海关一带防守，可他却将刘宗敏留在北京城中享乐。这军事策略上的一大败笔，直接导致李自成兵败如山倒。

倘若李自成进京后能够克服自己傲慢、浮躁的心态，虚怀若谷，礼贤下士，让吴三桂能踏踏实实地归顺过来，历史就大不一样了。即使吴三桂不投降，也应抱着冷静的心态从他的角度去分析一下他的感受和行为，以便采取相应的措施。遗憾的是，李自成陶醉于暂时的胜利中，只顾尽情地享受胜利的果实，他完全沉迷在自己的美梦之中。正因如此，当清军入关时，他才完全没有准备，惊慌失措，最后仓促逃离北京。

【谈古论今】

《菜根谭》上说：能够建立宏大功业的人，大多是处世谦虚圆融的人；容易失败抓不住机会的人，一定是性情刚愎固执的人。一个人，倘若太自以为是，不去顾虑他人的感受，做什么事都从自己的角度出发，那么人心必失。人心一失，就等于失去了成大事的基础，则必败。李自成之所以辉煌一时便黯然消失，与他缺乏战略眼光固然有很大关系，但不可忽视的是，倘若他能抓住吴三桂的心，令其心悦诚服地归顺自己，那么鹿死谁手还真不好说。

年羹尧——骄横跋扈，自取灭亡

在自然界，万物同生，却并不互相妨害，道路并行而互不冲突。所以儒家认为，小的德行如同河水一样长流不息，大的德行使万物敦厚淳朴，这就是自然的伟大之处。相反，在现实生活中，有些人一旦取得些许成绩，便得意忘形起来，却不知有多少双眼睛正在看着自己，随时准备拉他下水。做人，还是深沉一点好。不要为一时之得意而忘乎所以，不把任何人放在眼里，以致招来非议，断了自己的后路。须知，乐极反而生悲。

年羹尧的悲惨结局恰恰说明了这一点。

年羹尧是清朝赫赫有名的战将，不过，他能有如此名声，令后世之人津津乐道，并不仅仅是因为他能征善战、军功卓著，或许人们谈论更多的则是他因何被雍正所诛杀。

年羹尧有智谋，是个千古帅才，他懂得择木而栖，跟了雍正，并成为帝王最倚重的心腹。但他不懂得低调、不懂得收敛，惹得主子怒、同僚恨，因而由极盛至极衰，家破人亡，含恨九泉。

【史事风云】

年羹尧是雍正的包衣奴才，进士出身，康熙时官拜四川巡抚，不足30岁便已成为封疆大吏。据说，年羹尧在拥立雍正登基一事上，建有大功。雍正荣登九五以后，授其军权，以平战乱。年羹尧在沙场上运筹帷幄，所向披靡，平西藏、定青海，立下赫赫战功。班师回朝时，雍正亲自相迎，加封其为抚远大将军、太保、一等公。

然而，年羹尧虽有平定西北之功，但论资历尚不足以与清初统兵的诸王平起平坐。但年羹尧志得意满，不禁得意忘形起来，竟想超越前大将军胤禵的地位。按规矩，年羹尧与各省督抚的往来书信应使用咨文形式，以表示平等。但在年羹尧眼中，各省督抚俨然已经成为自己的下属，他在与各将军、督抚的通信中，一直使用令谕。

年羹尧进京面见雍正时，王公以下官员须跪迎，年羹尧坐轿而过，目不斜视。王公下马与年羹尧打招呼，年羹尧傲慢至极，只是微微点头示意。

年羹尧在送人东西时用"赐"，"受赐"者必须向北叩谢；年在接见各省官员时用"引见"；自己吃饭时称作"用膳"，请人吃饭时则叫"排宴"，这在礼法甚严的封建王朝，俨然已属大逆不道之列。

即便是在雍正面前，年羹尧也狂态不减。一次，年羹尧编选一本《陆宣公奏议》，进呈雍正以后，雍正要为它写一篇序言。但还未待雍正写完，年羹尧便自行草拟一篇，请求雍正认可。很显然，这已经大大超越了君臣之限，年"箕坐无人臣礼"，走的自是取祸之道。

雍正三年，雍正将年羹尧削官夺爵，定大罪九十二条，赐自尽。

【人物探究】

年羹尧之死，自是咎由自取，他自恃功高，忘乎所以，不守臣道，不知限制，终得覆灭。

1. 作威作福。年羹尧得雍正宠，自恃功高，骄横跋扈之气愈发严重。将同官视作下属，令下属"北向叩头谢恩"，此举已属大逆不道。

更有甚者，年羹尧在进呈《陆宣公奏议》时，雍正原准备亲自题写序言，还没有写出来，年羹尧竟自己作出一篇序，并要求雍正帝认可。如此失礼的举止——"御前箕坐，无人臣礼"，怎能让雍正心中痛快！

2. 拉帮结派。雍正朝选任文武官员，凡经年羹尧推荐，一律要优先录用。年羹尧又刻意培植私人势力，但凡有肥缺，必安插其亲信。于是，逐渐形成一个以他为首，以川、陕、甘主要官员为骨干的势力集团，颇有自立"西北王"之势。生性雄疑的雍正岂能容他如此放肆！

3. 大肆敛财。年羹尧势大，前来巴结送礼的人自然很多，而这位大将军只要是看上眼的一概笑纳。据史料记载，年羹尧贪污受贿、侵吞军饷共计数百万两之多。要知道，雍正登基之初，主抓的就是吏治，严惩的就是贪官，年羹尧自己往枪口上撞，明知不可为而为之，也无怪乎雍正无情。

古往今来，领导者大多忌讳自己的属下功高盖主，掩盖自己的功绩，所以必欲"除"之而后快。然而年羹尧却不知进退，得意忘形，最终为自己的骄横跋扈付出了惨痛的代价。

【谈古论今】

古语云"静水深流"，简单地说来就是我们看到的水平面，常常给人以平静的感觉，可这水底下究竟是什么样子却没有人能够知道，或许是一片碧绿静水，也或许是一个暗流涌动的世界。无论怎样，其表面都不动声色，一片宁静。大海以此向我们揭示了"贵而不显，华而不炫"的道理，也就是说，一个人在面对荣华富贵、功名利禄的时候，要表现得低调，不可炫耀和张扬。